# STATISTIQUE SCIENTIFIQUE

DU

## DÉPARTEMENT D'EURE-ET-LOIR.

S

CHARTRES. IMPRIMERIE DE GARNIER

# SOCIÉTÉ ARCHÉOLOGIQUE

## D'EURE-ET-LOIR

# STATISTIQUE SCIENTIFIQUE

# LÉPIDOPTÈRES

PAR

## M. ACHILLE GUENÉE.

## CHARTRES

PETROT-GARNIER, LIBRAIRE

Place des Halles, 16 et 17.

1867.

# INTRODUCTION.

---

La Société archéologique m'a fait l'honneur de me demander un catalogue raisonné des Lépidoptères qui habitent notre département, et je lui apporte aujourd'hui le résultat des recherches auxquelles je me suis livré pour la satisfaire.

Ce n'est pas que je sois grand partisan des faunes départementales. La circonscription administrative me paraît, en France, trop restreinte pour servir de base à une distribution géographique qui puisse avoir quelque signification dans la science.

En admettant, en effet, que chaque département diffère de ses voisins par quelques espèces (ce qui, pour ceux du centre au moins, ne me paraît pas bien prouvé), toujours est-il qu'il resterait une masse énorme, composée des 99 centièmes à peu près, qu'il faudrait répéter, non-seulement autant de fois que la France possède de départements, mais même, si les peuples voisins suivent notre exemple, autant de fois qu'il existe de provinces dans l'Europe centrale. Qui ne voit au premier abord ce que cette immense quantité de faunes locales, presque entièrement semblables, devrait présenter de fastidieux pour la lecture et même de fatigant pour l'étude ?

Tout au plus pourrait-on prétendre que ces œuvres multipliées serviront un jour de matériaux à celui qui voudra procéder à l'étude définitive de la distribution géographique des espèces européennes, travail qui, sans contredit, offrirait un grand intérêt. Mais alors même, on rendrait cette étude beaucoup plus facile, en divisant la France en quatre ou cinq régions seulement que détermineraient la latitude, la nature du sol, la présence de la mer et des grands cours d'eau, l'existence et la direction des chaines montagneuses, etc.

Toutefois, si l'on peut contester l'utilité des faunes locales au point de vue du profit que la science peut en tirer, il n'en est plus de même quand on se retourne du côté pratique; la publication de la faune du département devient alors une incitation, une sorte de *compelle intrare* qui peut, dans bien des cas, attirer des prosélytes à l'Entomologie, cette science aux abords faciles, qui se tient pour ainsi dire à nos côtés, toujours prête à distribuer ses trésors et ses bonheurs aux ennuyés, aux fatigués, aux indifférents qui passent, foulant sous leurs pieds tant de sujets de curiosité, de méditations et de jouissances ! Pour arriver à lui conquérir des adeptes, devons-nous donc négliger aucun moyen d'influence? Or il faut bien, comme on dit, commencer par quelque chose, et tel débutant qui n'aura d'abord songé qu'à collectionner les objets qui sont à portée de son filet, peut, cédant insensiblement aux charmes de l'étude, étendre ses recherches, généraliser ses observations, ou même, tout en restant autour de son clocher, descendre plus profondément dans l'étude des mœurs ou de l'organisation de ses petits commensaux, et nous donner par la suite un entomologiste sérieux.

En appliquant ces idées, j'ai donné à ce Catalogue une forme différente des autres faunes départementales qui ont été publiées jusqu'ici, et c'est le côté pratique que j'ai eu en vue avant tout. J'ai donc laissé à l'écart tout ce qui tient à la synonymie, à la discussion, à la méthode, en un mot toutes les questions purement scientifiques, et j'ai cherché à faire un petit résumé élémentaire, initiatif et de facile compréhension.

Ainsi, je ne donnerai à chaque espèce qu'un seul nom d'auteur, le plus ancien, le plus connu, et celui qui m'a paru devoir être définitivement adopté : la fréquentation des collections les plus ordinaires ou des plus pauvres musées, ou encore l'étude d'un traité d'Entomologie tout à fait élémentaire auront bien vite appris quelle espèce ce nom désigne.

Mais, en revanche, j'ai étendu la partie qui concerne les premiers états de l'insecte. Ceux-là, il faut les aller chercher dans vingt ouvrages différents, écrits en toutes les langues, et le commençant ne saurait les trouver à sa portée, ni en faire facilement usage. J'ai donc donné une diagnose très-abrégée de chaque chenille, l'indication de sa nourriture, le mois où il faut la chercher, et la désignation de celles qui sont encore inconnues.

J'ai ajouté enfin en note et au bas des pages, l'énumération des espèces nuisibles à l'agriculture et à l'horticulture, la portée de leurs dégâts, et le remède, s'il y en a un de connu. Cette partie seule donc a besoin d'être consultée par nos cultivateurs et nos jardiniers, qui trouveront là, en quelques instants, le signalement de leurs vrais ennemis et toutes les applications dont la Lépidoptérologie est susceptible à leur point de vue.

Enfin, comme sans la classification tout est confusion et obscurité, j'ai cru devoir indiquer en quelques mots, à la suite de chaque coupe méthodique, les caractères apparents qui peuvent être saisis sans effort ou ceux essentiels qui servent de points de départ à nos classifications; c'est un résumé que je présente à ceux qui veulent se borner à la superficie, et une sorte d'avant-goût que j'offre à ceux qui seraient tentés d'aller plus loin. Observons pour ces derniers que les cadres généraux que je leur

trace ici, ont été construits pour renfermer tous les Lépidoptères du globe, et qu'ils doivent s'attendre à trouver une quantité considérable de lacunes, et des transitions qui leur semble-
ront fort brusques, puisque je les adapte aux seuls papillons de
notre département.

Maintenant que voici expliqués et mon but, et les moyens que
j'ai employés pour l'atteindre, on me permettra de dire encore
que ce Catalogue, à défaut d'autres mérites, aura au moins
celui d'être le résultat de mes recherches personnelles. J'ai pris
moi-même tous les Lépidoptères qu'il contient et j'ai élevé la
plus grande partie des chenilles. Celles que je n'ai pas encore
rencontrées ont été empruntées aux auteurs les plus originaux,
et relevées, autant que je l'ai pu, sur les publications spéciales
disséminées dans les recueils scientifiques les plus récents ; car,
je le répète, c'est là la partie de la science la plus arriérée, et,
outre les chenilles inconnues, dont le nombre est encore grand,
même parmi les Lépidoptères les plus répandus, il y en a une
foule d'autres qu'on est seulement censé connaître et sur lesquelles on s'est transmis, de compilation en compilation, les
renseignements les plus erronés. Si cet opuscule contribue à
en diminuer le nombre, je n'aurai pas à regretter le temps que
j'y ai consacré.

ACHILLE GUENÉE.

Châteaudun, mars 1866.

# INDICATIONS LOCALES.

Le département d'Eure-et-Loir est pauvre en Lépidoptères.

Les raisons de cette indigence sont faciles à saisir. La première est sa latitude, qui exclut toutes les espèces méridionales ou boréales, et qui nous réduit aux Lépidoptères des régions tempérées, c'est-à-dire à ceux qu'on trouve à peu près partout.

La seconde vient de l'absence complète des montagnes, de la mer, et des grands fleuves, trois conditions principales et qui dotent ordinairement les pays qui en sont pourvus d'une flore et conséquemment d'une faune entomologique spéciales.

La troisième, enfin, est imputable à la richesse même de notre sol, dont presque toutes les parties sont susceptibles de culture. Les terrains qui y ont échappé jusqu'ici diminuent chaque jour, et nos agriculteurs, conquérant peu à peu les parcelles rebutées par leurs devanciers, en extirpent les végétaux qui y croissaient spontanément et nourrissaient des chenilles variées, pour y substituer les céréales, plantes des plus ingrates (Dieu merci) pour les Lépidoptères.

Telles sont les principales causes de notre pauvreté en histoire naturelle, causes que résume énergiquement un distique célèbre chez nous, et que mes compatriotes m'excuseront de citer pour mes collègues de la France et de l'étranger auquel ce catalogue sera adressé :

> *Belsia, triste solum, cui desunt bis tria lustum.*
> *Colles, prata, nemus, fontes, arbusta, racemus*

Est-ce à dire cependant que l'indigence de notre sol doive décourager complètement l'entomologiste, et qu'il n'existe pas dans Eure-et-Loir quelque recoin où il puisse espérer faire des découvertes? Il s'en faut beaucoup que je professe une pareille hérésie. Les maîtres de la science : Linné, Rœsel, Réaumur, De Geer, etc., ont-ils donc travaillé dans des contrées si riches, et leurs immortels ouvrages ne sont-ils pas là pour nous montrer que, quelque part que Dieu ait placé le génie investigateur, il ne manque jamais d'aliment? On verra d'ailleurs en parcourant ce Catalogue, que les premiers états d'une foule d'espèces sont encore complètement ignorés. C'est là le côté spécialement intéressant de l'étude des Lépidoptères, et celui qui se présenterait avec un volume contenant l'histoire de ces chenilles et de leurs mœurs, pourrait se flatter d'avoir fait faire un grand pas à la science.

D'ailleurs, quelque uniforme que paraisse le sol de notre département, il renferme encore çà et là quelques localités très-bonnes à explorer et où volent des espèces qui ne se trouvent point partout. Outre les grandes forêts qui se rencontrent, en totalité ou en partie, dans Eure-et-Loir, comme celles de Senonches, de Dreux, de La Ferté-Vidame, de Montmirail, etc., et une notable quantité de bois de moindre étendue qui nourrissent les espèces propres aux forêts de la France centrale, il existe quelques points privilégiés où des prés tourbeux et marécageux donnent asile aux Lépidoptères des sols humides, d'autres où des pentes calcaires voient éclore les Zygènes, des Mélitées, des Lycénides, etc., propres à ces sortes de terrains.

Je puis citer, entre autres, comme m'ayant fourni de ces espèces exceptionnelles : dans l'arrondissement de Chartres, les prés et collines de Béville-le-Comte et Roinville-sous-Auneau, les pentes de Berchères-les-Pierres et celles de Maintenon ; dans l'arrondissement de Châteaudun, les terrains pierreux qui avoisinent le petit village du Mée, les prés humides qui, au bas de ces pentes, forment la limite de notre département, et qui se continuent jusques à Verdes, enfin les bords marécageux de la Conie; dans celui de Nogent-le-Rotrou, les plantations de bois résineux qui avoisinent la commune de Saint-Hilaire-sur-Erre, et certaines collines herbues qui dominent ses environs, etc., etc. — Je connais beaucoup moins l'arrondissement de Dreux, qui doit certainement, outre ses forêts, contenir d'excellentes localités.

Les prairies artificielles dont notre département est si abondamment pourvu sont un lieu de rendez-vous pour les diurnes et certaines *Geometra*; elles attirent aussi les noctuelles au crépuscule : mais il y a peu d'espoir d'y rencontrer des chenilles, si ce n'est celles qui se retirent parfois sous les *andains* lors de la seconde coupe de ces prairies.

Il ne faut pas tout à fait négliger nos blés. Certaines plantes parasites qui les remplissent trop souvent y attirent quelques bonnes chenilles : la *Linaria repens* y nourrit la *Cleophana platyptera*; l'*Anthemis cotula*, qui les infeste, y appelle la *Cucullia chamomillæ*; les pieds d'allouette y entretiennent la jolie *Chariclea delphinii*, etc.

Les bords du Loir et de la Conie seront explorés pour se procurer les chenilles des *Apamea unanimis*, *Leucania straminea* et *obsoleta*, la *Nonagria paludicola*, les *Hydræcia fibrosa* et *micacea*, la *Plusia festucæ*, etc., etc.

Les chênes qui bordent les champs dans nos communes percheronnes, fourniront les *Hadena roboris*, *Protea*, *convergens*, la *Dycicla Oo*, la *Catephia alchymista*, les *Notodonta trepida*, *Chaonia*, *Dodonea*, *velitaris*; les buissons d'érable qui les entrecoupent donneront les *Notod. cucullina* et *plumigera*.

Les cariophyllées qui croissent dans nos prés et sur nos collines nourrissent les jolies *Dianthæcia abimacula*, *compta*, *conspersa*, etc., et attirent le soir les noctuelles *gnaphalii*, *asteris*, *albicolon*, etc.

Les chèvrefeuilles de nos haies nous procurent les *Polyph. sericina* et *Xylocampa lithoriza*.

Enfin il faut secouer les feuilles qui s'accumulent dans les bruyères de nos grands bois pour y trouver les noctuelles *Molothina*, *Porphyrea* et plusieurs bonnes géomètres; *faucher* le soir ou même la nuit dans les prés marécageux et sur les herbes de nos collines calcaires, pour se procurer les *Zygæna Hippocrepidis* et *onobrychis* et une foule d'autres espèces.

Les pierres de nos bois secs et de nos terrains graveleux seront retournées pour avoir les *Lithosia vitellina*, *cribrum* et *irrorella*, les noctuelles *lunosa* et *popularis*, la *Gnophos obscu-rata*, le *Crambus inquinatellus*, etc.

Je n'en finirais pas si je voulais indiquer tous les moyens que devront employer nos Entomologistes beaucerons pour se faire une collection locale. Il est bon d'ailleurs que chacun doive à ses propres efforts l'expérience qui le guidera mieux que tous mes conseils, et qui aura, en outre, deux avantages : celui de s'adapter aux localités au centre desquelles il se trouvera placé, et celui de laisser à son légitime amour-propre la jouissance de ses découvertes. Qu'il sache seulement à l'avance que le but de ses efforts, c'est-à-dire une collection des espèces départemen-tales, obtenues autant que possible par l'éducation des chenilles, et accompagnée de ces dernières conservées par l'insufflation et de leurs chrysalides, serait loin d'être à dédaigner même pour ceux que le hasard a placés dans des contrées plus favorisées que les nôtres.

# FAUNE

DU

## DÉPARTEMENT D'EURE-ET-LOIR.

———— ┤⪥⪤⪥├ ————

# LÉPIDOPTÈRES.

———

## DIURNI, Latr.

(Papillons de jour.)

Insectes dont les quatre ailes sont libres, le front sans stemmates, les antennes simples, terminées par un bouton ou massue, qui volent pendant le jour, et relèvent leurs ailes au repos.

### Divis. BICALCARATI, Gn.

Les papillons n'ont, aux pattes, qu'une seule paire d'éperons. Leurs antennes sont terminées par une massue sans crochet. Ils volent en plein soleil et, au repos, ils appliquent leurs quatre ailes l'une contre l'autre, dans le même plan. Les chenilles vivent généralement en plein air.

### Legio FUSIFORMES, Gn.

*Les chenilles sont longues, cylindriques, à pattes bien développées, les chrysalides à partie postérieure conique et anneaux bien marqués. Papillons de taille variable à tarses complets et terminés par des crochets ou onglets bien marqués.*

## Phalang. HEXAPI, Lin.

Papillons dont les six pattes sont complètes et propres à la marche. Chrysalides attachées par un lien au milieu du corps.

### Tribu **TENTACULATÆ**, Gn.

*Les chenilles molles, trapues, portent sur le cou une corne flasque et bifide qu'elles font sortir et rentrer à volonté.*

Cette tribu se divise en deux familles : les Papilionides et les Parnassides ; nous ne possédons dans notre département, ni les *Parnassius* qui sont propres aux pays de montagnes, et dont les chrysalides, par exception à tous les *Bicalcarati*, sont renfermées dans des coques, ni les *Thaïs*, insectes méridionaux qui relient les deux familles.

### Fam. **PAPILIONIDÆ**, God.

Les chenilles sont lentes, épaisses, glabres, lisses ou à épines charnues. Les chrysalides sont libres, à tête bifide ou échancrée. Les papillons ont les ailes généralement dentées, et les antennes rapprochées à leur insertion.

La famille ne contient que sept genres dont quatre sont exotiques. Le genre *Thaïs*, dont l'aspect paraît si différent des genres *Papilio*, lui est étroitement rattaché par le genre indien *Sericinus*. Les chenilles de certains *Papilio* exotiques se rapprochent d'ailleurs beaucoup de celles des *Thaïs*.

### Gen. PAPILIO, Lat.

*Grands Lépidoptères dont les premières ailes portent à leur base une nervure particulière et dont les tibias antérieurs sont munis d'une épine ou épiphyse couchée dans une rainure. (Nos espèces européennes ont les secondes ailes munies de longues queues ; mais ce caractère est loin d'être général).*

Cet immense genre réunit des espèces de formes variées, dont les chenilles sont tantôt lisses et unies, comme les nôtres, tantôt garnies d'épines ou de caroncules, tantôt couvertes sur la partie antérieure d'une sorte de manteau ou capuchon. Je le divise en 28 groupes, dont les 15e et 21e, seuls représentés en Europe, sont fort différents pour les mœurs et la nourriture malgré leur ressemblance apparente. Parmi les exotiques se trouvent les espèces de la plus grande taille et des plus splendides couleurs.

1. **Podalirius,** Lin. (*Le Flambé.*)

Jardins, champs, petits bois en avril et mai, puis juillet et août. Vole sur les lilas en fleur. — Plus commun dans le Perche.

Chenille courte, pyriforme, verte à points rouges inégaux, vit sur le pêcher, l'amandier, le prunellier, en juin et septembre.

2. **Machaon,** Lin. (*Le Grand-Porte-Queue.*)

Jardins, champs, luzernes, etc. En mai, mais surtout juillet et août.

Chenille cylindrique, verte, à bandes noires coupées de points rouges, vit en août et septembre sur le fenouil, la carotte et accidentellement sur la fraxinelle.

*Var.* CROCEA. — Se rencontre accidentellement chez nous, mais est plus commune dans le midi.

---

## Tribu GRANULOSÆ, Gn.

*Les chenilles sont sans épines, mais pubescentes ou velues, et généralement revêtues de petites granulations disposées en rangées transversales. Les papillons ont les onglets des tarses bifides.*

### Fam. **PIERIDÆ**, Bdv.

Les papillons sont généralement à fond blanc, le bord abdominal ne forme point gouttière pour embrasser l'abdomen. Les chrysalides sont anguleuses mais non ventrues.

Cette famille n'est pas moins nombreuse que celle des Papilionides. Elle contient vingt genres, et nos espèces d'Europe ne sauraient donner une idée de son ensemble.

## Genre LEUCONEA, Donz.

*Chenille velue et vivant sur les arbres. Papillons à antennes fusiformes, à ailes sèches, sans frange ou bord extérieur.*

Espèce unique se rapprochant, pour la nature des ailes, des *Parnassius*, avec lesquels elle vole très-abondamment dans les montagnes. Elle se retrouve presque sans modification à la Chine et au Japon.

3. **Cratægi**, Lin. (*Le Gazé.*)

Jardins, prairies, etc. En juin.

Chenille velue, noire, à deux bandes rousses, vit en avril et mai, en société, sur l'aubépine et souvent sur les arbres fruitiers. Chrysalide variée de blanc et de noir.

## Genre PIERIS, Schr.

*Les chenilles granuleuses, longues, lentes, vivent sur les crucifères. Les papillons ont les antennes longues, à massue bien distincte, les ailes farineuses, blanches à dessins noirs (chez nos espèces).*

Genre très-considérable et qui ne compte pas moins de 15 groupes, souvent nombreux, dont nous n'avons, en Europe, que les 9e et 13e. Certaines espèces de l'Inde et de l'Australie, loin d'être réduites comme les nôtres à des nuances pâles et uniformes, sont variées des plus riches couleurs.

4. **Brassicæ**, Lin. (*Le Grand-Papillon du Chou.*)

Jardins, champs de colza, etc. De mai à septembre.

Chenille jaune, à bandes bleuâtres, granulée de noir; vivant en août et septembre, principalement sur les choux [1].

---

[1] Une des espèces les plus nuisibles à l'agriculture. Elle s'abat sur les plants de choux qu'elle détruit souvent jusqu'à la dernière feuille. On a recommandé comme préservatifs la chaux délitée ou la suie en poudre

5. **Rapæ,** Lin. (*Le Petit-Papillon du Chou.*)

Extrêmement commune partout pendant toute la belle saison.

Chenille toute verte, polyphage, mais préférant les capucines (*tropœolum*). Beaucoup moins nuisible que la précédente, quoique plus commune.

6. **Napi,** Lin.

Prés, bois frais, jardins, etc., en mai et juin, puis septembre.

Chenille verte à points latéraux jaunes ; vit sur les navets, les raves, les moutardes, etc., en avril, puis août et septembre.

*Var.* NAPEÆ, Esp. — Ne se trouve qu'à la seconde époque.

7. **Daplidice,** Lin.

Champs secs, en mai et juillet; moins commune et localisée. La femelle est variée de noir en-dessus.

Chenille gris-bleu, ponctuée de noir, avec des bandes jaunes; vit en juin, sur la gaude *(reseda lutcola)*; elle n'est point rare dans les lieux où l'on a vu voler le papillon ; mais il faut une certaine attention pour la découvrir.

*Var.* BELLIDICE, Bgstr.

Gen. LEUCOPHASIA, Stph.

*Papillons à antennes courtes, à abdomen long et grêle, à ailes délicates, oblongues et dont la cellule discoïdale est très-raccourcie.*

Genre peu nombreux, exclusivement propre à l'Europe et à la Sibérie.

qu'on répand sur les jeunes plants ; la cendre ou la terre mêlées de coaltar seraient plus efficaces. Enfin l'arrosage avec de l'eau additionnée d'un peu d'essence de térébenthine serait encore plus sûr. Mais tous ces moyens peuvent altérer le goût du légume et en dégoûter même les bestiaux. Le mieux serait donc *d'écheniller*, ce qui ne demande que du temps, ces larves vivant toujours à découvert.

**8. Sinapis,** Lin. (*Le Blanc-de-Lait.*)

Bois ombragés, dans les allées, en mai et juin. Vol particulier, sautillant et mou à la fois.

Chenille verte à ligne stigmatale jaune; vit en septembre, sur les *vicia, orobus, lotus,* etc., dans les lieux où le papillon a volé.

*Var.* Erysimi, Bk. — Cette variété, toute blanche, ne comprend que des femelles. Elle est presque aussi commune que le type.

### Gen. ANTHOCHARIS, Bdv.

*Les chenilles sont pubescentes et les chrysalides naviculaires à anneaux abdominaux soudés. Les papillons ont les antennes courtes et terminées par une massue brusque et large.*

**9. Belia,** Esp.

Luzernes basses, prés humides, fin mars et commencement d'avril. — Rare. Chartres et Nogent-le-Rotrou. La femelle est semblable au mâle.

Chenille jaune à lignes rouges; vit en juin, sur les crucifères.

**10. Ausonia,** Esp.

Terrains arides, champs, etc., en août. Châteaudun. — Assez rare. La femelle est semblable au mâle.

Chenille jaune-verdâtre, ponctuée, à vasculaire violette et stigmatale blanche; vit en juillet, sur la *sinapis incana* et le *brassica crucastrum.*

On prétend que cette espèce n'est qu'une seconde génération de la *Belia,* ce qui ne paraît pas encore hors de contestation.

**11. Cardamines,** L. (*L'Aurore.*)

Jardins, prés, bois frais, en mai et juin. — Commune. Femelle sans tache aurore.

Chenille verte à ventre blanc; sur les juliennes, les raves, etc., en août. L'un de nos diurnes les plus élégants, et qui par ses fraîches nuances est, pour ainsi dire, le symbole du printemps.

Fam. **RHODOCERIDÆ,** Dup.

Les papillons ont les antennes courtes, roses, à massue insensible et un point rouge ou argenté à la cellule des quatre ailes.

Les chrysalides ont la partie ventrale très-renflée.

Gen. GONOPTERYX, Leach.

*Les papillons ont les ailes anguleuses. Le genre est peu nombreux et les espèces exotiques ressemblent presque toutes à la nôtre, à la taille près.*

12. **Rhamni,** Lin. (*Le Citron.*)

Bois ombragés, jardins, en juin. (Des individus ayant passé l'hiver à l'état parfait volent dès que le froid commence à céder.) La femelle est d'un blanc jaune.

Chenille vert foncé à ventre plus pâle; vit en mai, à découvert, sur les *rhamnus*, dans les parties ombragées des bois ou sur le bord des prés.

Gen. COLIAS, Fab.

*Les papillons ont les ailes arrondies et une tache argentée dans la cellule des secondes. Ils sont aussi communs que leurs chenilles sont rares. Le genre, déjà nombreux, tend à s'accroître de jour en jour. Les espèces exotiques diffèrent à peine des nôtres. Les femelles se distinguent des mâles par leur bordure noire plus large et coupée de taches jaunes.*

13. **Edusa,** Fab. (*Le Souci.*)

Très-commune dans les luzernes, en juin, puis en septembre.

Chenille veloutée, verte, à stigmatale coupée de points rouges; vit en juin et octobre, sur les trèfles et les luzernes.

14. **Hyale**, Lin. (*Le Soufré.*)

Très-commune dans les luzernes, en juin et septembre.

Chenille verte à lignes jaunes coupées de noir; vit en août, sur les trèfles, vesces, luzernes, etc.

Nota. La troisième famille, celle des *Teriadæ*, manque complètement en Europe.

## Phalang. TETRAPI, Lin.

La première paire de pattes des papillons est avortée, en forme de palatine et ne peut servir à la marche. Les chrysalides sont suspendues par un seul point, la tête en bas, ou complètement libres.

Ici se placent plusieurs grandes tribus qui n'ont pas de représentants en Europe : les Danaïdes, dont les chenilles sont pourvues de longs appendices filamenteux, les Héliconides, papillons à ailes oblongues et à corps effilé, extrêmement nombreux en espèces, et les Céthosides, tribu très-variée dont les derniers genres inclinent vers nos Argynnides.

### Tribu SPINOSÆ, Gn.

*Les chenilles sont garnies d'épines rameuses. Les papillons ont la massue des antennes brusque et en cuilleron.*

### Fam. **ARGYNNIDÆ**, Dup.

Papillons fauves à dessins noirs, volant en abondance dans les bois sur les fleurs, et dont les chenilles, munies d'épines longues et grêles, vivent principalement sur les *viola*.
Famille nombreuse mais peu variée, les espèces exotiques ressemblant plus ou moins aux nôtres. Le seul genre *Synchloe* a une tournure originale.

### Gen. ARGYNNIS, Fab.

*Les chenilles ont des épines grêles, minces, dont deux ordinairement plus longues sur le cou, et vivent sur les* viola. *Les papillons portent sous les ailes inférieures des bandes brillantes ou des taches argentées qui les ont fait nommer :* les Nacrés. *Vol rapide. Les mâles de la plupart des espèces se distinguent par quelques nervures des premières ailes qui sont chargées d'écailles brunes, veloutées.*

15. **Paphia,** L. (*Le Tabac-d'Espagne.*)

Bois, sur les fleurs des ronces, en juillet.

Chenille ferrugineuse à vasculaire jaune, géminée; vit en mai, sur les *viola*. Cette argynne et les deux suivantes habitent exclusivement les bois et surtout les forêts, leur vol est généralement élevé et elles se transportent à tire-d'ailes sur les bouquets de ronces où elles sont alors faciles à saisir. Femelle d'un fauve verdâtre.

16. **Adippe,** W.v. (*Le Grand-Nacré.*)

Grands bois, sur les fleurs des ronces, en juillet. Varie beaucoup. La femelle est d'un ton sali.

Chenille roussâtre, à vasculaire jaune et demi-lunes dorsales noires; vit en mai et juin, sur les *viola* qui croissent dans les grands bois.

*Var.* CLEODOXA, Och. — Sans taches argentées.

17. **Aglaja,** Lin. (*Le Grand-Nacré.*)

Bois, champs, vallées, en juillet. Se pose sur les chardons et s'écarte plus des bois que les deux précédentes. La femelle est d'un fauve sale et pâli.

Chenille noire, à taches latérales ferrugineuses; vit en juin, sur la *viola canina*.

18. **Latonia,** Lin. (*Le Petit-Nacré.*)

Champs, pâturages, chemins verts, ravins, en août et septembre. Très-répandu sans être jamais très-abondant. — Sexes semblables.

Chenille noire et rousse, à chevrons dorsaux blancs; vit sur les pensées sauvages, en mai et août.

19. **Euphrosyne,** Lin. (*Le Collier-Argenté.*)

Jardins, petits bois, en mai, puis juillet. Commune. — Répandue partout et s'élevant jusqu'au sommet des montagnes où elle devient d'un ton plus chaud. Femelle plus pâle et plus terne.

Chenille noire à stigmatale et épines jaunes; vit en avril et juillet, sur les *viola odorata* et *canina*.

20. **Selene,** Fab.

Bois d'une certaine étendue, dans les clairières, en juin et août. — Sexes presque semblables.

Chenille mal connue qui doit vivre comme la précédente.

21. **Dia,** Lin. (*La Petite-Violette.*)

Clairières de tous les bois, en mai, puis août et septembre. — Sexes semblables.

Chenille grise, à lignes blanches, épines jaunes à base fauve; vit en avril et mai, sur la *viola canina*.

Gen. MELITÆA, Fab.

*Les chenilles sont garnies de rangs de tubercules charnus, pyramidaux, hérissés, d'égale longueur, mais assez courts, et vivent sur les* plantago, lonicera, veronica, melampyrum, *etc. Les papillons ont le dessous des ailes varié, mais sans taches argentées et ont reçu le nom de Damiers des auteurs français, à cause de leurs taches alternativement fauves et noires. — Les deux sexes sont presque semblables.*

22. **Didyma,** Esp.

Bois, en juillet : Châteaudun. Ne donne que par certaines années exceptionnelles et varie extrêmement. — Très-commune dans les contrées méridionales.

Chenille blanche et noire, à tubercules gris sur le dos, fauves sur les côtés, vit sur les *plantago, linaria, veronica,* etc., en juin. Je ne l'ai prise que dans les montagnes du midi de la France où elle n'est pas rare.

23. **Cinxia,** Lin.

Commune dans les bois, les champs, sur les gazons, etc., en mai et juillet.

Chenille noire, pointillée de blanc, à tête rouge; vivant, en familles, sur le plantain lancéolé, la jacée, les *hieracium*, en avril et juin.

24. **Phæbe,** W.v.

Collines sèches et calcaires, bois pierreux, en juillet.

Chenille noire, à bande dorsale blanche et stigmatale fauve; vit en juin, sur la jacée et les scabieuses. — Difficile à trouver.

25. **Athalia,** Esp.

Très-abondante dans tous les bois, en juin.

Chenille noire pointillée de blanc à épines fauves; vit en mai, sur les *melampyrum sylvaticum* et *pratense*. — Chrysalide blanche nuancée de violet, à jolis dessins noirs.

*Var.* Pyronia, Hb. — Se trouve çà et là et à différents degrés d'intensité.

26. **Parthenie,** Bk. — Athalia minor, Esp.

Collines calcaires : Béville-le-Comte, Verdes, etc., en juin [1].

Chenille inconnue.

27. **Dyctinna,** Esp.

Bois humides, en juin et juillet. — Rare chez nous. Vallée de la Voise.

Chenille grise, pointillée, à épines jaunes et tête noire; vit en mai et juin, sur le *melampyrum sylvaticum*.

28. **Artemis.**

Très-commune dans les clairières des bois, en mai. On trouve aussi çà et là la variété *Provincialis*.

Chenille noire, pointillée de blanc, à tête noire; vit en société, sur la *scabiosa succisa*, en mars.

---

[1] La lumière n'est pas encore très-bien faite sur cette espèce et ses voisines, car je crois qu'il y en a au moins trois, confondues sous l'ancien nom de *Parthénie*. On n'est pas d'accord non plus sur celle qui doit porter le nom donné par Borkhausen. Une discussion sur ces deux points ne serait pas ici à sa place. Il suffit de dire que l'espèce qui habite notre département est l'*Athalia* de Hubner, 19, 20 ; et l'*Athalia minor* d'Esper, pl. 89, fig. 2. Elle n'est point rare, mais très-localisée et fréquente principalement les prairies sèches et les collines calcaires, tandis que la vraie *Athalia* n'habite que les bois et se trouve partout. La découverte de sa chenille serait un service rendu à la science; peut-être est-elle aussi différente d'*Athalia* que celle de la *Parthénie* des montagnes (*Varia*, Meyer Dürr.), que j'ai trouvée dans le Valais, et que je me propose de décrire et de figurer.

*Var.* A. — Toutes les taches concolores. — Aussi commune que le type.

## Fam. **VANESSIDÆ**, Dup.

Les chenilles sont garnies de longues épines rameuses. Les papillons ont le thorax robuste, velu, l'abdomen court et aussi velu, les ailes anguleuses, et sont très-variés quant aux dessins.

La famille renferme 15 genres dont nous ne possédons qu'un seul, qui a été divisé en trois ou quatre et contient presque tous nos plus beaux Diurnes. *L'Atalanta*, l'*Io*, l'*Antiopa* ne le cèdent en beauté à aucune espèce exotique [1].

## Gen. VANESSA, Fab.

29. **Cardui,** Lin. (*La Belle-Dame*).

Luzernes, champs secs, en juin et septembre. Vol rapide. — Sexes semblables.

Chenille grise ou brune, à lignes jaunes; vivant sur les *eryngium*, renfermée dans une toile légère à l'aisselle des branches, en mai et août.

30. **Atalanta,** Lin. (*Le Vulcain.*)

---

[1] Chacune de nos espèces est pour ainsi dire le type d'un genre; ainsi à la *Cardui* viennent se rapporter l'*Huntera* de l'Amérique septentrionale, la *Boopis* du Para, la *Carye* de la Colombie, l'*Oceanica* de l'Australie. Notre *Cardui* elle-même est répandue par tout le globe. — Le *C Album* (genre Grapta), se modifie de plusieurs manières en Amérique et en Chine (*C Aureum*, *Progne*, *Interrogationis*, *Angelica*, etc.). — Nos deux *Tortues* ont des représentants dans l'Inde et au Chili. Seules, les Vanessa *Io* et *Antiopa*, les deux plus beaux peut-être de nos Diurnes, restent des types isolés et sans analogues dans le reste du monde, mais la dernière se trouve aussi dans l'Amérique du nord.

La plus grande partie des *Vanessa* laisse des individus qui prolongent leur vie pendant tout l'hiver, qu'ils passent retirés dans des trous ou des habitations. Aux premiers beaux jours on voit voler ces exemplaires qui ont perdu en partie leurs couleurs et dont les ailes sont souvent déchirées. On prétend que la nature se réserve ces vétérans pour assurer la propagation de l'espèce. Il y en a cependant une foule d'autres pour lesquelles elle ne prend pas les mêmes précautions.

Jardins, vergers, etc., en août et septembre. Se pose sur les fruits tombés et les arbres qui suintent. — Sexes semblables.

Chenille grise, pointillée, à épines jaunes; vit renfermée entre les feuilles liées des orties et des pariétaires, en juin.

31. **Io,** Lin. (*Le Paon-de-Jour.*)

Champs, jardins, luzernes, en juillet. — Sexes semblables.

Chenille noire ponctuée de blanc, à pattes rouges; vit en mai et juin, par familles nombreuses, sur les orties.

32. **Antiopa,** Lin. (*Le Morio.*)

Prairies, bois humides, en juillet. Plus rare que les précédentes, plane en volant à une certaine hauteur. — Sexes semblables.

Chenille noire avec un rang dorsal de taches ferrugineuses; vit en juin, en société, sur les saules et les peupliers.

33. **Polychloros,** Lin. (*La Grande-Tortue.*)

Avenues, chemins, jardins, environs des habitations, en juin. — Sexes semblables.

Chenille noire variée de fauve, à épines fauves; vit en société, sur l'orme, en mai.

34. **Urticæ,** Lin. (*La Petite-Tortue.*)

Commune partout, surtout autour des habitations, en juin et juillet. Elle hiverne souvent dans l'intérieur des appartements. — Sexes semblables.

Chenille noire à bandes citron; vit en familles très-nombreuses et presque toujours multiples, sur l'ortie, en mai et août.

35. **C Album,** Lin. (*Le Gamma* ou *C Blanc.*)

Jardins, vergers, lieux habités, voisinage des mares, en juin, puis septembre et octobre. La femelle a le dessous des ailes plus pâle et moins varié de vert et de brun.

Chenille brune et fauve, à large manteau blanc; vit solitaire, sur l'orme, en juin.

Ici deux tribus peu nombreuses qui ne renferment que des espèces exotiques.

---

## Tribu CARUNCULATÆ, Gn.

*Les chenilles ont des excroissances inégales, velues ou épineuses, sur quelques anneaux seulement. Leurs chrysalides sont gibbeuses, à peau mince. Les papillons ont le thorax très-long et robuste et leurs antennes, droites, grossissent insensiblement jusqu'au sommet.*

Cette tribu comprend sept familles et une foule de genres souvent assez peu nombreux en espèces, mais parfois splendides quant aux couleurs. Les Européens n'en forment qu'une partie insignifiante et appartiennent aux deux dernières familles qui sont bien voisines l'une de l'autre. Une seule espèce (*Jasius*), qui habite le littoral de la Méditerranée, rentre dans une des familles précédentes; encore n'est-elle pas réellement d'origine africaine, quoiqu'elle se soit naturalisée sur nos arbousiers.

### Fam. NYMPHALIDÆ, Latr.

Les chenilles sont courtes, munies de tubercules pubescents et inégaux. Les chrysalides sont bossues. Les papillons sont bruns à bandes blanches, fauves ou rouges; ils ont le thorax presque aussi long que l'abdomen, les antennes robustes, les ailes solides, planent en volant et fuient avec rapidité.

Les deux genres suivants diffèrent à peine de caractères.

### Genre LIMENITIS, Fab.

36. **Sibylla,** Lin. (*Le Deuil.*)

Bords et allées ombragées des bois. — Commune sur les fleurs des ronces, en juillet. — Sexes semblables.

Chenille verte à petites caroncules rouges; vit en mai, sur les chèvrefeuilles et le chamécerisier.

37. **Camilla,** Fab.

> Petits bois, jardins et parcs, en juillet. Moins abondante.
> — Sexes semblables.
>
> Chenille verte à tubercules charnus verts et rouges; vit
> en juin et août, sur les chèvrefeuilles.

Nota. La *Camilla* de Linné (Mus., Lud., Ulr.) n'est autre que la *Sibylla*
femelle.

Genre NYMPHALIS, Latr.

38. **Populi,** Lin. (*Le Grand-Sylvain.*)

> Lignes des grandes forêts : Bailleau, Senonches, Fre-
> teval, de la mi-juin à la mi-juillet. — Rare. La femelle a
> la bande blanche plus large et plus nette.
>
> Chenille épaisse, variée de vert et de brun, à deux longues
> cornes antérieures; vit en mai, sur les *populus tremula* et
> *nigra* dans l'intérieur des bois.

*Var.* TREMULÆ. — Sans bande blanche. On ne trouve que des
mâles de cette variété.

Fam. **APATURIDÆ,** Bdv.

Les chenilles sont lentes, inertes, limaciformes avec deux
longues cornes antérieures. Les papillons mâles ont des couleurs
changeantes [1] et volent en planant au sommet des arbres, d'où
ils descendent pour se poser parfois sur les routes. — Ils sont
bien peu différents, à l'état parfait, de ceux de la famille précédente; mais la plupart des espèces exotiques ont les jambes antérieures (palatines) d'un beau vert.

Genre APATURA, Fab.

39. **Iris,** Lin. (*Le Grand-Mars-Changeant.*)

---

[1] La disposition des écailles qui produit ces beaux reflets a été ex-
pliquée par Rœsel qui, dans ses figures 5 à 8 (pl. 44), en représente
clairement le mécanisme, si j'ose me servir de cette expression.

Lignes des grandes forêts, en juin et juillet. — Rare. Plus commune dans le Nord.

Chenille vert-pomme, à lignes obliques jaunes; vit sur les peupliers et les trembles, en mai et juin.

**40. Ilia,** Fab. (*Le Petit-Mars-Changeant.*)

Allées et bords des grands bois, prairies basses, en juin et juillet.

*Var.* Clytie, W.v., Hb. (*Le Mars-Orangé.*) — Iris vulgaris, Bergstr. — Iris rubescens, Esp.

Chenille verte, pointillée, à lignes jaunes; sur les saules et les peupliers, en mai et juin.

*Var.* Iris lutea, Esp. (1). — Julia, Schranck. — Iris kœselii, Bergstr. — ♀ Astasia, Hb.

---

## Tribu FURCULÆ, Gn.

*Les chenilles sont terminées par deux pointes caudales plus ou moins longues. Les antennes des papillons sont grêles et leur corps peu robuste en proportion de leurs ailes.*

Nota. Ici se placent les familles qui renferment les plus beaux et les plus grands Lépidoptères diurnes : les Morphides et les Pavonides qui sont, pour ainsi dire, des satyres gigantesques des tropiques, et dont plusieurs dépassent, par l'éclat, les étoffes les plus riches et les métaux les mieux polis.

### Fam. SATYRIDÆ, Bdv.

Leurs chenilles, pisciformes, vivent de graminées. Plusieurs ne suspendent pas leurs chrysalides. Les papillons ont la ner-

---

(1) Ces trois races se trouvent dans le département. Je donne leur synonymie complète, car l'*Ilia* a été mélangée par les auteurs avec l'*Iris* et nul n'a poussé plus loin cette confusion qu'Engramelle, qui a pris des mâles pour des femelles et accouplé sous les mêmes noms des variétés très-distinctes.

vure sous-costale des premières ailes renflée ou vésiculeuse; ils aiment les murs, les rochers, les pierres, et ont un vol sautillant et interrompu. Ils se posent en fermant leurs ailes de telle sorte que les secondes cachent complètement les premières, et, dans cette posture, se confondent avec les rochers ou les murailles.

Immense famille qui contient une masse considérable de genres et d'espèces, mais beaucoup moins variés que la tribu précédente, et surtout beaucoup moins brillants, mais ayant tous un air de parenté bien marqué.

## Genre ARGE, Bdv.

*Papillons volant dans les prairies sèches au milieu des herbes. Leurs chenilles sont pubescentes, leurs chrysalides, simplement posées à terre. Leurs ailes sont dentées, blanches, à taches ou lignes noires.*

### 41. **Galatea,** Lin. (*Le Demi-Deuil.*)

Extrêmement commun dans tous les lieux herbus, en juillet et août. Il y a deux types, l'un d'un blanc pur et l'autre d'un jaune pâle.

Chenille testacée, à lignes plus obscures; vit en mai, sur le *phleum pratense* et autres graminées.

Nota. Ici se placerait le genre *Erebia* ou *Satyres nègres*, dont nous n'avons aucune espèce dans nos environs. Ce sont essentiellement des papillons de montagnes et chaque espèce habite à une hauteur déterminée, depuis les vallées qui s'étendent à leurs pieds (*Blandina*) jusqu'aux sommets couverts de neiges éternelles (*Alecto*).

## Genre HIPPARCHIA, Ochs.

*Les papillons habitent les bois secs et rocailleux. Ils se posent sur les pierres et le tronc des arbres, rejettent en arrière leurs ailes supérieures, les cachent sous les inférieures, et, se confondant avec le plan de position, échappent complètement à la vue. Les mâles ont, sur le disque des premières ailes, une tache ou épi velu, que la lumière fait paraître d'une couleur différente du fond.*

42. **Fauna**, Esp. (*Le Faune.*)

Bois secs et rocailleux : bois de Lèves, Bailleau, etc., en août. Femelles assez rares, ayant une éclaircie sur les ailes supérieures.

Chenille inconnue.

43. **Briseis**, Lin. (*L'Hermite.*)

Bois herbus, collines pierreuses, carrières gazonnées, etc., en août. Le mâle diffère beaucoup de la femelle.

Chenille grise, à trois lignes foncées et ventre clair ; vit en mai et juin, à la racine des graminées.

44. **Semele**, Lin. (*L'Agreste.*)

Bois remplis de bruyères, collines arides, etc. Se pose sur le tronc des arbres, les bruyères, les rochers. Juillet et août. — Sexes presque semblables.

Chenille d'un brun-rougeâtre à lignes variées ; vit en avril et mai, sur les graminées.

45. **Arethusa**, W.v.

Bois élevés : Thoreau, Saint-Martin, etc., en août. Espèce localisée, mais commune où elle habite. Femelle plus claire.

Chenille inconnue.

### Genre SATYRUS, Latr.

*Papillons des bois et des prés, aimant beaucoup le voisinage des habitations, et se posant sur les fleurs des ronces ou sur les feuilles des arbres. Les mâles ont un épi. Les chrysalides sont suspendues.*

46. **Janira**, Lin. (*Le Corydon.*)

Excessivement commun dans tous les prés et gazons, en juillet. Il se pose toujours à terre. La femelle a le disque fauve.

Chenille d'un vert jaunâtre, à poils blancs courts et recourbés ; vit sur le *poa pratensis*, etc., en mai.

47. **Tithonius,** Lin. ( *L'Amaryllis.* )

Extrêmement commun dans tous les bois, sur les ronces, les bruyères, etc., en juillet et août. La femelle n'a point de tache discoïdale noire.

Chenille verte ou rougeâtre, à stigmatale jaune; vit sur le *poa annua*, en mai et juin. Difficile à trouver.

48. **Mæra,** Lin. ( *L'Ariane.* )

Lieux habités, en mai et juillet. Se pose sur les murs. La femelle est plus grande et plus jaune que le mâle.

Chenille pubescente, vert-clair, à lignes plus foncées et stigmatale jaune; vit en avril, sur les graminées qui croissent au pied des arbres.

49. **Megæra,** Lin. ( *Le Satyre.* )

Très-commun près des lieux habités, en mai et août. Mêmes mœurs. — Les deux sexes semblables.

Chenille vert-pomme, à lignes d'un vert foncé; vit en avril, sur les graminées qui croissent au pied des murs.

50. **Ægeria,** Lin. ( *Le Tircis.* )

Commun dans les parties ombragées des bois, en avril, puis en juillet. Se pose sur les feuilles et s'élève, en volant, à une certaine hauteur. — Les deux sexes semblables.

Chenille verte, avec trois lignes géminées, jaunes; vit en avril et septembre, sur le *triticum repens*.

51. **Dejanira,** Lin. ( *La Bacchante.* )

Bois frais et ombragés : Auneau, Nogent-le-Rotrou, en juin. La femelle est rare, elle ne diffère du mâle que par l'abdomen.

Chenille verte à vasculaire sombre et stigmatale blanche; sur les graminées, vers la mi-mai.

52. **Hyperanthus,** Lin. ( *Le Tristan.* )

Très-commun sur les fleurs de ronces, sur le bord des prés et des bois, en juin et juillet. — Sexes semblables.

Chenille grise à vasculaire foncée et stigmatale claire; vit en mai, sur les graminées.

## Genre CHORTOBIUS, Gn.

*Petits papillons dont les yeux sont glabres, les chenilles lisses. Ils habitent exclusivement les lieux herbus et se posent à terre les ailes relevées et rejetées en arrière. — Les deux sexes sont semblables.*

53. **Hero,** Lin. (*Le Mélibée.*)

Bois de Marchenoir, en mai. — Rare.

Chenille inconnue.

54. **Arcanius,** Lin. (*Le Céphale.*)

Commun dans tous les bois herbus, en juin.

Chenille glabre, verte, avec des lignes jaunes liserées de foncé; vit en mai, sur les graminées.

55. **Pamphilus,** Lin. (*Le Procris.*)

Extrêmement commun sur tous les gazons, en mai, juillet et août.

Chenille glabre, verte, à lignes blanches; vivant sur les graminées, en avril et juillet.

## Legio ONISCIFORMES, Gn.

*Les chenilles sont courtes, bombées en dessus, plates en des-*
*sous, pubescentes, à pattes courtes, à tête très-petite et rétrac-*
*tile; les chrysalides sont obtuses, à anneaux immobiles, liées*
*par le milieu du corps ou tout à fait libres.*

### Phalang. MICROPI, Gn.

Les papillons, toujours de petite taille, ont les pattes complètes chez les femelles, à dernier tarse oblitéré et à onglets
nuls chez les mâles.

(Cette phalange renferme une énorme quantité d'espèces
qu'on désigne sous le nom d'Argus ou Polyommates et qui se
répartissent en un grand nombre de genres exotiques, dont
plusieurs très-brillants.)

### Tribu SULCATÆ, Gn.

*Les chenilles ont un sillon dorsal plus ou moins prononcé.*
*Les papillons ont les antennes annelées de noir et de blanc. Tant*
*que le soleil brille, ils voltigent avec vivacité et comme étourdi-*
*ment sur les fleurs ou les feuilles, fermant et ouvrant alterna-*
*tivement leurs ailes et restant rarement dans un repos complet.*

Toutes nos espèces européennes appartiennent à cette tribu.

#### Fam. THECLIDÆ, Gn.

Les chenilles sont carénées sur les côtés et crêtées sur le dos,
les chrysalides attachées aux feuilles ou aux branches. Les papillons sont généralement bruns, les deux sexes semblables,
sans yeux en dessous, à ailes inférieures pourvues de petites
queues; ils volent autour des arbres.

Les espèces européennes de cette famille sont en petit nombre
et d'un brun sombre en dessus; les exotiques, au contraire,

sont extrêmement nombreuses, et très-souvent parées de nuances bleues éblouissantes ; mais leur dessous ressemble plus ou moins à celui des européennes.

### Genre AMBLYPODIA, Horsf.

*Les chenilles sont aplaties, larges, à anneaux débordants, de couleurs variées. Les papillons ont le dernier article des palpes coudé (les yeux de notre espèce sont très-velus).*

### 56. **Quercus,** Lin.

Vole autour des taillis de chênes, en juin. On la prend plus facilement l'après-midi. La femelle a une tache bifide violette très-brillante. Le mâle est d'un violet sombre, uni.

Chenille d'un brun roux varié de clair, à dessin posté·rieur sécuriforme ; vit en mai, sur le chêne.

### Genre THECLA.

*Les papillons, pourvus de petites queues filiformes, volent autour des arbres avec une grande vivacité et se posent sur les feuilles souvent très-élevées.*

### 57. **Betulæ,** Lin.

Jardins, vergers, buissons, en août et septembre. La plus grande de nos Lycénides. La femelle a une tache ré-niforme orangée.

Chenille d'un beau vert-jaune à lignes et traits obliques très-nets, d'un jaune serin ; vit en juin, sur les *prunus spinosa* et *domestica*. Facile à élever, tandis que le papillon, qui se tient presque toujours au sommet des arbres, est difficile à saisir.

### 58. **W Album,** Knock.

Avenues, bois, haies, en juin et juillet. — Commune, mais localisée. — Sexes semblables.

Chenille d'un vert clair à stigmatale jaune et traits obli··

ques; vit en mai, sur l'orme, principalement entre les samares.

### 59. **Lynceus**, Fab.

Très-commune sur les fleurs des ronces dans tous les bois, en juin et juillet. La femelle a une tache fauve.

Chenille d'un vert uni, sans dessins, à pubescence rousse: vit en mai, sur le chêne.

### 60. **Acaciæ**, Fab.

Allées des bois, sur les fleurs de ronces avec la précédente, mais beaucoup plus rare. — Bois de Châteaudun, forêt de Bailleau. La femelle a l'anus garni d'une bourre noire.

Chenille d'un vert-jaunâtre, à stigmatale jaune, pubescence blanche; vit au commencement de mai, sur le *prunus spinosa*. Rare, mais facile à élever.

### 61 **Rubi**, Lin. (*L'Argus-Vert.*)

Bord de tous les bois, en avril. Se pose sur les feuilles avec lesquelles elle se confond bientôt quand elle a les ailes relevées. Un des premiers et des plus jolis diurnes, et qui, comme l'*Aurore*, dénonce le printemps. Le mâle se distingue de la femelle par deux ovales cotonneux sous la côte des premières ailes.

Chenille d'un vert jaunâtre velouté, à pubescence rousse; vit en mai, dans les allées des bois, sur le *genista sagittalis*. La chrysalide dans les mousses. (Tous les auteurs font vivre sur la ronce cette chenille de plantes basses.)

### Fam. **LYCÆNIDÆ**, Bdv.

Les chenilles sont peu crétées ou carénées. Les chrysalides souvent posées sur la terre, sans attache. Les papillons mâles sont presque toujours très-différents de leurs femelles, bleus ou fauves, unis, avec des taches ocellées en dessous. Ils volent sur les plantes basses, mais indistinctement dans tous les lieux pourvus de végétation et à toutes les hauteurs.

Les espèces d'Europe sont relativement nombreuses, les exotiques moins abondantes que les Théclides, mais très-variées.

Genre POLYOMMATUS, Latr.

*Les papillons sont généralement de couleur orangée soyeuse et brillante.*

62. **Xanthe,** W.v. (*L'Argus-Myope.*)

Bord des bois, parcs, prés, en mai, puis en août. Mâle brun, femelle fauve à points noirs.

Chenille verte à crêtes et stigmatale jaunes; vit en juin et septembre, sur les genêts.

63. **Phlæas,** Lin. (*L'Argus-Bronzé.*)

Commun partout sans être très-abondant. Prés et jardins, en mai et août. — Les deux sexes semblables.

Chenille d'un vert foncé uni, parfois à stigmatale rouge; vit en avril et juin, sur les *rumex.* Peu facile à trouver, mais s'élève aisément.

Genre LYCÆNA, Ochs.

*Les mâles sont généralement bleus et les femelles brunes.*

64. **Bœtica,** Lin. (*Le Porte-Queue bleu strié.*)

Jardins et parcs, en octobre, autour des arbustes. — Abondante par certaines années, très-rare dans d'autres. On ne l'a parfaitement fraîche, surtout le mâle, qu'en l'élevant de chenille.

Chenille d'un vert sale, à lignes sombres; vivant dans l'intérieur des siliques du baguenaudier (*colutea*), dont elle mange les graines, en juillet et août. S'élève sans beaucoup de soins, mais ne donne qu'une année sur dix.

65. **Amyntas,** Fab. (*Le Petit-Porte-Queue.*)

Trèfles, luzernes, prairies, champs, en juillet et août. Jamais abondante.

Chenille inconnue.

66. **Hylas,** W.v.

Vole en juin et septembre sur les fleurs du serpolet, dans les lieux secs : Fontenay, Auneau, Le Mée, etc. — Pas commune. La femelle a une bordure noirâtre vague.

Chenille verte avec la vasculaire rouge et la stigmatale blanche ; vit en mai et juillet, sur le serpolet.

67. **Argus,** Esp.

Bois secs, sur les fleurs de la bruyère, en juillet. — Pas très-commune.

Chenille d'un vert foncé, à crêtes et stigmatale rouge-brique ; vit sur le *lotus siliquosus,* en mai et au commencement de juin.

68. **Ægon,** W.v.

Très commune dans tous les bois secs, sur les fleurs de bruyère, en juin et août.

Chenille d'un gris sale à vasculaire brune ; vit en mai, sur les *genista, vicia, coronilla,* etc.

69. **Alexis,** W.v. (*L'Argus bleu* et *l'Argus brun.*)

Commune partout et pendant presque toute la belle saison. La femelle est plus ou moins saupoudrée de violet qui l'envahit parfois en entier.

Chenille d'un vert sombre à stigmatale et traits obliques blancs ; vit de mai à août, sur les luzernes et l'*ononis spinosa.*

*Var.* THERSITES, Bd. — ALEXIUS, Frey. — Lieux secs et calcaires : Le Mée, Auneau.

70. **Adonis,** W.v. (*L'Argus bleu céleste,* Engr.)

Terrains calcaires et prés qui les avoisinent, en juin, puis août et septembre. La femelle est plus ou moins saupoudrée de bleu. La variété toute bleue (*Ceronus*) ne se trouve pas dans notre département.

Chenille verte, à crêtes et stigmatale jaunes, stigmates noirs ; vit en mai et juillet, sur les *coronilla, hippocrepis, lotus,* etc.

71. **Corydon,** W.v. (*L'Argus bleu nacré,* Engr.)

Collines sèches, lieux calcaires, en juillet et août. Le

Mée, Auneau, etc. La femelle est parfois toute bleue, et je l'ai trouvée ainsi plusieurs fois dans le département.

Chenille d'un vert foncé à crêtes et stigmatale jaunes ; vit sur les *trifolium*, *lotus*, *hedysarum*, en mai et juin. Se trouve souvent sous les pierres.

### 72. **Agestis,** W.v.

Champs, prairies, etc., en mai et août. — Commune, mais beaucoup moins qu'*Alexis*. Le mâle est brun comme la femelle, ce qui empêchera de le confondre avec l'*Alexis* auquel cette dernière ressemble beaucoup.

Chenille inconnue.

### 73. **Cyllarus,** Fab.

Prés, gazons, bois frais, en mai et juin. — Jamais très-abondante. Femelle bleue à bordure noire.

Chenille variée de gris, de jaune et de rouge; vit en juin, sur les *astragalus*, *melilotus*, *genista*, etc. Difficile à élever.

### 74. **Acis,** W.v.

Commune dans les prés autour de Chartres, en juillet et août. Femelle toute brune et sans aucune tache.

Chenille inconnue.

### 76. **Alsus,** W.v. (*Le Demi-Argus.*)

Lieux pierreux et herbus : Berchères, Le Mée, etc., en juillet et août. Le mâle est quelquefois aussi brun que la femelle, mais le plus souvent il est saupoudré d'écailles d'un bleu argenté. C'est le plus petit des Diurnes.

Chenille verte avec la vasculaire et des traits obliques rouges; sur l'*astragalus cicer*, en mai et juillet.

### 76. **Argiolus,** Lin.

Voltige vivement autour des buissons comme les *Thecla*, en mai et juillet. — Jamais très-abondante. Femelle bleue bordée de noir.

Chenille verte avec la vasculaire foncée; vit en juin, septembre et octobre, sur le lierre et le *rhamnus frangula*.

### 77. **Alcon,** W.v.

Prés humides : Auneau, Le Mée, en juillet. Espèce très-localisée. La femelle est brune avec le disque plus ou moins bleu.

Chenille inconnue.

### 78. **Arion,** Lin.

Bois secs et bruyères, en juillet et août. — Pas très-commune. La femelle a toujours moins de bleu que le mâle, mais ses dessins sont semblables.

Chenille inconnue.

---

## Phalang. HETEROPI, Gn.

Les pattes antérieures des mâles sont avortées; celles des femelles complètes, mais grêles.

Immense réservoir où sont accumulées jusqu'ici les familles les plus diverses et qui attend une étude définitive. Une seule espèce est européenne.

### Fam. **NEMEOBIDÆ**, Gn.

Les chenilles sont demi-ovoïdes. Les papillons ont le front velu, les antennes et les yeux comme les Lycénides, le dessous des secondes ailes orné de lignes ou taches claires suivies de points semi-ocellés. Mœurs des *Thecla*.

## Genre NEMEOBIUS, Stph.

### 69. **Lucina,** Lin.

Bois frais, charmilles, en mai; voltige dans les allées ou les taillis et se pose sur les feuilles.

Chenille velue, brune, à points noirs dorsaux; vit en juin, sur les *primula* et les *rumex*.

---

# Divis. QUADRICALCARATI, Gn.

Les papillons ont deux paires d'éperons aux pattes postérieures (par ce caractère et d'autres ils inclinent déjà vers les
nocturnes). Leurs antennes sont écartées à leur insertion, et la
massue est coudée ou terminée par un crochet. Ils volent surtout l'après-midi et tiennent souvent leurs ailes dans des plans
différents, au repos. Les chenilles vivent généralement enfermées dans des feuilles et ont le cou aminci auprès de la tête.

Cette division contient un nombre considérable d'espèces et
de genres encore mal étudiés. Les européens n'y figurent
guère que pour une cinquantaine d'espèces, dont un très-petit
nombre habite notre département.

Fam. **HESPERIDÆ**, Latr.

Genre HESPERIA, Latr.

*Les papillons sont généralement fauves.*

80. **Linea**, W.v. (*La Bande-Noire.*)

Très-commune dans les champs de blé et les herbes, en
juillet et août. Le mâle a une ligne discoïdale noire qui
manque chez la femelle.

Chenille d'un vert glauque, à lignes un peu plus claires
et tête verte; vit sur les graminées, en mai et juin, et s'introduit entre les feuilles et les tiges.

81. **Lineola,** Och.

Lieux arides et calcaires : Auneau, Le Mée, juillet et
août. Mêmes différences sexuelles que chez la précédente.

Chenille d'un vert clair, à cinq lignes jaunes et tête roussâtre; vit sur les graminées, en juin.

82. **Actæon**, Esp.

Collines sèches : Béville-le-Comte, juin et août. — Mêmes différences sexuelles.

Chenille inconnue.

83. **Comma**, Lin.

Allées des bois secs et élevés, en août et septembre. Le mâle a une sorte de cicatrice discoïdale veloutée noirâtre.

Chenille d'un gris-noir uni, à tête plus noire ; vit sur les graminées, en juin. Parfois commune.

84. **Sylvanus,** Fab.

Bois ombragés. Vole sur les feuilles des jeunes taillis, en juin. Le mâle a une cicatrice comme chez la précédente.

Chenille d'un vert sale à stigmatale claire ; vit en avril, sur le *triticum repens*.

Genre ERYNNIS, Schr.

*Les papillons sont gris avec de petites stries plus claires. Les mâles ont un repli à la côte des supérieures.*

85. **Tages,** Lin. ( *Le Point-de-Hongrie.*)

Gazons, clairières des bois, en avril et mai. Commune.

Chenille verte à sous-dorsale jaune et tête brune ; vit en septembre, sur les *eryngium* et les *lotus*.

Genre SPILOTHYRUS, Dup.

*Les papillons ont les ailes fortement dentées et pourvues de petites taches carrées transparentes. Les mâles ont un repli à la côte des supérieures.*

86. **Malvarum,** Och. ( *La Grisette.*)

Commun dans les jardins, les champs, en juin.

Chenille d'un gris foncé à deux lignes claires; vivant dans une feuille roulée des mauves et guimauves, en juillet.

87. **Altheæ**, Hb.

Bois : Chartres et Châteaudun, en juin. — Rare.

Chenille inconnue.

Genre SYRICHTUS, Bdv.

*Les papillons sont bruns avec de petites taches et points blancs. Le dessous des secondes ailes est varié de blanc et de gris ou de verdâtre. Les mâles ont un repli à la côte, sauf le n° 92.*

88. **Carthami**, Hb.

Lieux secs et sablonneux, coteaux arides, en mai et août. — Localisé : Le Mée, Auneau, etc.

Chenille inconnue.

89. **Alveus**, Hb.

Collines chaudes, en juillet et août. — Rare dans le département. Je l'ai trouvé çà et là autour de Chartres et de Châteaudun, sans localité particulière.

Chenille inconnue.

90. **Serratulæ**, Rb.

Clairières des bois pierreux, prés chauds, jardins et gazons, en juillet. — Beaucoup moins rare que le précédent, et la plus commun après *Alveolus*.

Chenille inconnue.

91. **Alveolus**, Hb. (*Le Plaint-Chant.*)

Clairières des bois frais, jardins, en mai et juillet. — Le plus commun du genre.

Chenille verte ou jaunâtre, à stigmatale claire; vivant en avril, sur le fraisier des bois.

92. **Sao,** llb. (*Le Tacheté.*)

Bois secs et chauds, terrains calcaires, en juin et août.
— Pas rare à Châteaudun. N'a pas de repli à la côte des premières ailes. — Sexes semblables.

Chenille inconnue.

# NOCTURNI, Latr.

(Papillons de nuit.)

Papillons dont les ailes inférieures sont ordinairement ratta-
chées par une soie ou frein aux supérieures, dont le front est
ordinairement pourvu de stemmates, dont les antennes sont
presque toujours sétacées ou plumeuses, dont les ailes sont in-
fléchies ou roulées dans le repos; volant principalement après
le coucher du soleil.

## Divis. AREOLATI, Gn.

(*Macrolepidoptera* auctor.)

Papillons à deux palpes seulement; n'ayant pas les nervules
supérieures et les inférieures, aux premières ailes, partagées par
une autre nervule qui vient tomber directement sur la disco-
cellulaire, presque toujours pourvues d'une aréole suscellulaire.
Rarement de très-petite taille. Chenilles rarement vermiformes
et enfermées.

### Legio SPINICORNES, Gn.

*Papillons à ailes oblongues, transparentes, et ressemblant à
des Hyménoptères, à antennes renflées au sommet et terminées
par un crochet. Secondes ailes dépourvues de nervure costale.*

#### Fam. SESIDÆ, Bdv.

Les chenilles sont vermiformes et incolores, vivant dans l'intérieur des troncs d'arbres ou des tiges ou racines de plantes.

Les chrysalides sont munies de dentelures au moyen desquelles elles sortent de leurs galeries. Les papillons ont l'abdomen long et presque toujours terminé par une brosse de poils, les tibias épais et velus.

## Genre SESIA, Fab.

1. **Myopæformis,** Bk.

Vergers, jardins, plantations, en juin et juillet. Se pose sur le tronc des pommiers.

Chenille vivant dans le tronc des pommiers et des poiriers, dans lesquels elle creuse de petites galeries.

2. **Culiciformis,** Lin.

Bois et parcs, sur le tronc des bouleaux et des chênes, en mai et juin. — Assez commune.

Chenille vivant dans le tronc et les branches du bouleau.

3. **Formicæformis,** Esp.

Prés, bois humides, jardins, sur les fleurs, en juin et juillet.

Chenille vivant dans la racine ou le bas du tronc des saules.

4. **Cynipiformis,** Esp.

Bois, sur les fleurs, en juin et juillet. — Rare.

Chenille vivant dans le tronc et surtout dans les loupes des chênes.

5. **Philantiformis,** Lasp.

Bois secs, bruyères, fleurs, juin et juillet.

Chenille inconnue.

6. **Tipuliformis,** Lin.

Jardins, haies, sur les fleurs des groseilliers et des chardons, en juin.

Chenille vivant dans l'intérieur des branches des groseilliers dont elle ronge la moëlle.

**7. Tenthrediniformis,** W.v.

Bois, bords des chemins et prés secs, sur les fleurs des euphorbes. — Commune à Châteaudun.

Chenille vivant dans les racines de l'*euphorbia cyparissias*.

**8. Scoliæformis,** Bk.

Bois ombragés. Vole entre les arbustes, en juin. Châteaudun. — Rare.

Chenille vivant dans le tronc des bouleaux.

**9. Apiformis,** Lin.

Tronc des peupliers, en juin. — Commune.

Chenille vivant dans la racine des peupliers, qu'elle crible de trous [1].

[1] Quoique j'aie souvent rencontré cette chenille en grande quantité dans la racine de certains peupliers, je ne me suis jamais aperçu que sa présence ait été une cause de dépérissement pour les arbres qui la recélaient. Cependant il est évident que, si le nombre de ces chenilles dépassait une certaine limite, l'arbre finirait par en souffrir. C'est un mal contre lequel je ne connais point de remède efficace.

Nota. Ces observations s'appliquent à tout le genre *Sesia*; mais, comme toutes les autres espèces sont plus ou moins rares et toujours de petite taille, les chances de dommage deviennent tout à fait hypothétiques.

# Legio PRISMATICORNES, Gn.

*Les papillons ont les antennes prismatiques, terminées en pointe, une trompe robuste, le corps gros relativement aux ailes. Les chenilles cylindriques, munies d'une corne sur le onzième anneau, vivent à découvert. Les tubercules trapézoïdaux sont, ou plutôt paraissent complètement absents.*

### Fam. SPHINGIDÆ, Latr.

Famille nombreuse, mais dont nos espèces indigènes donnent une idée suffisante.

### Genre MACROGLOSSA, Och.

*Les papillons ont une brosse anale, l'abdomen déprimé et les ailes souvent transparentes; ils volent en plein soleil. Le genre est nombreux en espèces exotiques, surtout dans les groupes à ailes opaques* (Stellatarum).

10. **Fuciformis,** Lin. [1].

Jardins, clairières des bois; vole sur les fleurs, en mai et août.

Chenille verte à bande centrale et corne ferrugineuses; vit en juillet, sur les chèvrefeuilles.

---

[1] Qu'on me permette ici une seule réflexion synonymique. Nos auteurs modernes ont interverti les anciens noms des Mac. *Fuciformis* et *Bombyliformis,* sous prétexte qu'on avait méconnu le *vrai Fuciformis* de Linné. Or ce vrai *Fuciformis* est bien celui-ci, quoiqu'ils en disent, et ce qui le prouve, c'est qu'il existe encore sous ce nom dans la collection Linnéenne. Dailleurs, a-t-on donc oublié que, dans la description du *Systema naturæ* (la principale après tout) il est dit : *Margine atro purpurascente,* expression qui exclut complètement le *Fuciformis* d'Ochsenheimer? Linné cite en outre Rœsel et Esper dont les figures ne peuvent laisser de doutes.

**11. Bombyliformis,** Esp.

Prés, clairières humides des bois; vole sur les fleurs de sauge, etc. En mai et juin.

Chenille verte à taches rouges latérales, vivant en juin, sur les scabieuses.

**12. Stellatarum,** Lin. ( *Le Moro-Sphinx.* )

Jardins, butine sur les fleurs, en juin et juillet et souvent plus tard. — Très-commun. S'introduit souvent dans les habitations et y passe l'hiver.

Chenille verte (parfois bleue ou brune), à quatre lignes claires et corne bleue; sur le *galium verum*, en juillet et août.

### Genre CHOEROCAMPA, Dup.

*Les chenilles ont les premiers anneaux renflés, rétractiles et marqués de taches ocellées. Les papillons volent au crépuscule.*

Les espèces exotiques sont très-nombreuses.

**13. Porcellus,** Lin. ( *Le Sphinx Petit-Pourceau.* )

Jardins. Vole le soir, sur les fleurs, en juin, parfois en août.

Chenille grise, maillée de noir, avec quatre taches ocellées sombres, sans corne; vit très-cachée, sur les *galium* et les épilobes, en juillet.

**14. Elpenor,** Lin. ( *Le Sphinx de la Vigne.* )

Jardins, bords des eaux. En juin et août. — Cette espèce qui passe pour commune est plus rare chez nous que le *Porcellus.*

Chenille noirâtre, réticulée, à quatre taches sombres ocellées et corne brune; vit en août, septembre et octobre, sur la vigne, les épilobes, la salicaire, les *galium*.

**15. Nerii,** Lin. [1]. ( *Le Sphinx du Laurier rose.* )

[1] Plusieurs espèces de Sphingides ne sont point, en réalité, indigènes et ont été apportées avec les plantes étrangères qu'on cultive dans nos

Se prend accidentellement dans certaines années, en octobre et novembre. C'est peut-être le plus beau de tous les Sphingides, et il ne le cède, même en exotiques, qu'à certaines espèces privilégiées (*Megæra, Labruscæ, Jussiæx*).

Chenille verte, à stigmatale et points blancs et deux yeux bleus; vit en août et septembre, sur le laurier-rose, dans les jardins. J'en ai élevé, une seule année, un certain nombre à Chartres.

16. **Celerio,** Lin. (*Le Phénix.*)

Se trouve, aussi exceptionnellement, sur les fleurs dans les jardins, en septembre. — Sa véritable patrie est l'Afrique où il est commun; mais on le trouve aussi sur bien d'autres points du globe, notamment dans l'Inde et en Australie.

Chenille verte ou brune, avec quatre yeux noirs ponctués de bleu et la corne rose; sur la vigne, en août. Je l'ai élevée plusieurs fois à Châteaudun.

Genre DEILEPHILA, Och.

*Les chenilles n'ont point les anneaux antérieurs renflés ni rétractiles. Leurs taches sont semblables sur tous les anneaux. Les papillons volent comme les précédents.*

17. **Livornica,** Esp. (*Le Livornien Engr.*)

Sur les fleurs des jardins dans les années chaudes, en août. — Espèce propre aux contrées méridionales et très-répandue. Je l'ai trouvée jusqu'aux sommets des Pyrénées où elle vole en plein jour.

jardins. Si donc on scrutait rigoureusement leur origine, on reconnaîtrait comme étrangers à notre département, non-seulement les *Nerii*, *Celerio* et *Livornica* qui sont évidemment d'importation méridionale, mais même les Sph. *Pinastri* et *Atropos* qui ne vivent que sur des plantes cultivées. Mais le désir d'enrichir notre Faune de ces belles espèces les a fait de tout temps considérer comme indigènes. Le *Celerio* est même une espèce africaine qui ne s'est propagée dans le midi de la France que par importation, ou encore, prétend-on, en traversant la Méditerranée, ce qui est, sinon impossible, du moins plus difficile à admettre.

Chenille noire, pointillée, à vasculaire et tête rouges, à sous-dorsales jaunes coupées de taches jaunes ou roses; vit en septembre, sur les scabieuses, les linaires, les *galium*.

18. **Euphorbiæ,** Lin. (*Le Sphinx du Tithymale.*)

Commun sur les fleurs dans les jardins, en juin et septembre; varie souvent.

Chenille noire, ponctuée de jaune, à cinq lignes et tête rouges; vit en juin et juillet, sur les *euphorbia cyparissias* et *paralias*.

### Genre SPHINX, Lin.

*Les papillons ont l'abdomen rayé de bandes brunes et claires. Leur trompe est démesurément longue et leur vol bruyant. Les chrysalides ont la gaîne de la trompe saillante.*

Les exotiques sont nombreux et répandus sur toute la surface du globe. Ils ont beaucoup de rapport avec les nôtres; certains d'entre eux forment transition au genre suivant.

19. **Pinastri,** Lin. (*Le Sphinx du Pin.*)

Bois de pins, en juin et juillet. — Châteaudun, Nogent. Le papillon vole dans les jardins voisins des plantations de conifères.

Chenille vert-foncé, à vasculaire brune et bandes jaunes; vit sur les *pinus pinaster* et *maritima*, en juillet, puis septembre et octobre.

20. **Ligustri,** Lin. (*Le Sphinx du Troëne.*)

Jardins, en juin. Se prend toujours isolément.

Chenille d'un beau vert, à bandes latérales blanches et violettes; vit en juillet et septembre, sur les lilas, les troënes et les jasmins.

21. **Convolvuli,** Lin.

Jardins, au crépuscule, sur les belles de nuit, pétunias, liserons, en septembre. — Commun. Il exhale très-souvent

une odeur musquée, mais parfois aussi il en est dépourvu.
C'est de tous les Sphingides celui dont la spiritrompe est la
plus développée. Elle a souvent trois pouces de longueur.
Il est curieux de le voir butiner à distance sur les fleurs,
dans les corolles desquelles il lance ce long appendice en
produisant un bourdonnement qui s'entend de fort loin.

Chenille verte ou brunâtre, à longues raies obliques,
tête à deux traits noirs; vit sur les liserons, en juillet et
août. Très-vorace et consommant les liserons qu'on lui
fournit, par véritables brassées.

Genre ACHERONTIA, Och.

*La chenille a la corne courte et rugueuse. Le papillon a les
antennes courtes, la trompe robuste, mais très-courte, le corps
laineux. Il fait entendre un cri particulier qui se produit dans
la trompe, mais dont on n'a pas encore bien saisi le mécanisme.*

**22. Atropos,** Lin. (*Le Sphinx à tête de mort.*)

Champs, jardins, appartements, en septembre et octobre;
toujours isolément et dans certaines années spéciales.

Chenille verte, à dos bleu ponctué de noir et coupé de
chevrons jaunes; vit sur les pommes de terre, en juillet et
août.

Cette curieuse *Acherontia* habite aussi l'île Bourbon. Deux
autres espèces très-voisines sont originaires de l'Inde.

Genre SMERINTHUS, Latr.

*Les chenilles sont chagrinées et ont la tête triangulaire. Les
papillons ont les ailes découpées, et la trompe rudimentaire et
presque nulle. Ils ont une attitude particulière au repos. Ils
volent généralement peu.*

Nos trois espèces représentent trois groupes différents dans
lesquels viennent se placer un certain nombre d'espèces exotiques, surtout celui de l'*Ocellata*, qui est principalement amé-
ricain.

**23. Populi,** Lin.

Prés, plantations, etc., contre les troncs des peupliers et des saules, en mai et juin, puis août. Souvent accouplé. Il y a deux types : l'un d'un gris cendré, l'autre allant du café au lait au brun rougeâtre.

Chenille verte ou jaune, à lignes obliques claires, et souvent à taches ferrugineuses; vit sur les peupliers et les saules, en septembre et octobre.

**24. Tiliæ,** Lin.

Promenades, tronc des ormes et des tilleuls, en juin, puis septembre. — Commun.

Variété où le vert est remplacé par du rouge obscur.

Chenille verte ou violâtre, à corne bleue au milieu et plaque anale rugueuse; vit en juillet et août, sur l'orme, le tilleul, etc. La véritable manière de se procurer le papillon est de chercher les chrysalides qui sont à peine enterrées, au pied des ormes.

**25. Ocellata,** Lin. (*Le Sphinx Demi-Paon.*)

Bords des prés, oseraies, jardins, en juin et août, sur les vieux saules. Charmant insecte qui le dispute aux Diurnes pour les couleurs et les dessins.

Chenille vert-clair, à lignes obliques blanches et corne bleue; vit en août et septembre, sur les saules et les péchers.

# Legio. **LIGNIVORÆ**, Gn.

*Les papillons n'ont ni trompe ni stemmates : leurs antennes sont assez courtes et leur abdomen long. Celui de la femelle est muni d'un oviducte corné. Les chenilles sont verniformes et creusent des galeries dans l'intérieur des végétaux. Leurs chrysalides sont garnies de dentelures qui leur permettent de s'avancer à l'orifice de ces galeries.*

### Fam. **ZEUZERIDÆ**, Bdv.

Les antennes des mâles sont pectinées jusqu'à moitié, celles des femelles filiformes, mais garnies d'une substance laineuse. Les pattes postérieures n'ont qu'une paire d'éperons très-courts.

Quelques espèces exotiques ont la plus grande analogie avec les nôtres.

### Genre ZEUZERA, Latr.

26. **Æsculi,** Lin. ( *La Coquette.* )

Parcs, plantations, jardins, en juillet et août, sur les troncs d'arbres. — Rare chez nous, plus commune dans le Midi.

Chenille blanc-jaunâtre, à points et écussons noirs, vivant en mai, dans l'intérieur des troncs et des branches des arbres fruitiers et des marronniers, ormes et chênes.

Fam. **COSSIDES**, Her-Sch.

Les antennes des deux sexes sont fortement dentées. Les pattes postérieures des mâles sont recourbées et munies de deux paires d'éperons.

### Genre COSSUS, Fab.

*Les papillons ont le front et le thorax à poils ras, l'abdomen et les pattes squammeux, les antennes unidentées.*

**27. Ligniperda,** Fab. [1]. (*Le Cossus* ou *Gâte-Bois.*)

Boulevards, plantations, vergers, bords des routes, sur les troncs, en juin et juillet.

Chenille luisante, jaune, à dos largement briqueté, vivant dans les troncs des ormes et des arbres fruitiers.

---

[1] Cet insecte et l'*Æsculi* sont deux Lépidoptères des plus funestes aux plantations. Heureusement l'*Æsculi* est rare dans nos environs; mais le *Cossus* y est fort répandu. Son énorme chenille, qui met trois années à arriver à l'état parfait, creuse dans le tronc des pommiers, des poiriers, des ormes et d'autres arbres forestiers, des galeries de plusieurs mètres, et finit par les faire périr. Le seul remède efficace est d'observer les troncs en passant la revue de ses arbres. Une sorte de sciure de bois encore fraîche frappe d'abord la vue, soit au pied de l'arbre, soit sur le tronc même. On introduit alors dans le trou d'où sort ce détritus un long fil de fer, dont on a recourbé l'extrémité en hameçon; quand on a gagné le fond de la galerie, on retourne plusieurs fois le fil de fer sur lui-même, et on réussit toujours, soit à harponner la chenille et à la tirer au dehors, soit à la tuer dans son repaire. J'ai sauvé plusieurs arbres par ce procédé qui réussit d'autant mieux qu'il est employé plus tôt et contre des larves encore jeunes, dans des trous peu profonds.

# Legio INFRENATÆ, Gn.

*Les papillons ont les ailes inférieures presque égales aux su-
périeures, dont elles sont indépendantes et presque détachées.
Leur nervulation est particulière et compliquée. L'abdomen des
femelles est très-long : elles n'ont ni frein, ni trompe, ni stemmates.*

## Tribu TERRICOLÆ, Gn.

Les chenilles vivent dans de longs tubes pratiqués à la surface
de la terre et aboutissant à la racine des plantes qu'elles rongent.

## Fam. **HEPIALIDÆ**, Bdv.

### Genre HEPIALUS, Fab.

*Les papillons ont les antennes excessivement courtes [1], ils vo-
lent à la chute du jour et très-près de terre. Les femelles sont
très-différentes des mâles.*

28. **Sylvinus,** Lin. — (*Femelle :* LUPULINUS, Lin.)

    Bois, champs, gazons, en mai et juin. — Varie beau-
coup.

    Chenille longue, blanchâtre, à petits points noirs et tête
rousse, vit pendant tout l'hiver entre les racines des carot-
tes, bryones, valérianes, etc.

---

[1] Ce caractère est tellement prononcé et si constant chez nos espèces
européennes, comme aussi chez beaucoup d'exotiques, qu'il semblerait
devoir figurer dans ceux de la légion, mais l'*Abantiades sordida*, hépia-
lide australienne très-voisine pour tout le reste de nos *Hepialus carnus
velleda*, etc., a les antennes *très-longues* et *très-fortement pectinées.*

29. **Flina,** W.v. [1].

Commune dans tous les lieux herbus, en mai et août.

Chenille blanchâtre, à tête brune, vivant en automne et en hiver, entre les racines des *aster* et des *virgaurea*.

[1] Le Bombyx *Lupulinus* de Linné, que tous les auteurs rapportent à cette espèce, n'est autre que la femelle de son *Sylvinus*. Il existe encore dans sa collection, dans laquelle on ne trouve point la *Flina*.

## Legio **APODÆ**, Gn. [1].

*Les chenilles sont privées de pattes et ne progressent qu'à l'aide de mamelons enduits d'une liqueur visqueuse. Papillons bombyciformes, à nervulation particulière.*

### Fam. **COCLIOPODÆ**, Bdv.

### Genre LIMACODES, Latr.

*Les chenilles sont courtes et semi-ovoïdes. Elles vivent sur les arbres. Les papillons volent peu, et, en secouant les branches, on les fait tomber, très-souvent accouplés. Les chrysalides sont renfermées dans de petites coques ovoïdes que l'animal ouvre comme un œuf lors de l'éclosion.*

30. **Testudo,** Fab.

Commun dans tous les bois de chênes, en mai et juin.

Chenille verte, à quatre lignes et points jaunes; vit en septembre et octobre, sur le chêne.

31. **Asellus,** W.v.

Bois de hêtres, en juin. — Rare chez nous : Châteaudun, Nogent.

Chenille verte à large manteau rouge, liseré de jaune; vit en septembre, sur le hêtre.

---

[1] Rien de plus intéressant et de plus varié que cette légion, très-nombreuse en espèces exotiques. Les chenilles, déjà si curieuses chez nous, prennent dans certaines contrées des formes tout à fait fantastiques. L'une d'elles qui habite Madagascar (*Euphaga florifera*) sert de nourriture aux habitants qui la font frire dans l'huile et la tiennent pour un mets délicieux. La chenille, quoique fort différente de nos *Limacodes* puisqu'elle est garnie de piquants comme le hérisson, se forme une coque à peu près pareille à celle de notre L. *Testudo,* et qui ressemble à une noisette pour la couleur et la grosseur. Aussi l'appelle-t-on *la Noisette de Madagascar.* Le papillon est aussi joli que les nôtres sont insignifiants

---

## Legio **PELLUCIDÆ**, Gn. [1].

*Les papillons sont velus, noirâtres et ont des ailes plus ou moins transparentes. Leurs femelles sont en général privées d'ailes.*

### Tribu **SACCOPHORÆ**, Gn.

*Les chenilles vivent dans des sacs ou fourreaux qu'elles construisent avec des pailles, des débris de feuilles ou même du sable.*

### Fam. **PSYCHIDÆ**, Bdv.

Les chenilles n'ont point de pattes membraneuses et ne portent de dessins que sur les trois premiers anneaux qui seuls sortent de leur fourreau. Les papillons n'ont ni trompe ni stemmates, leurs palpes sont à peine formés, leurs antennes sont plumeuses et leurs ailes transparentes. Ils volent en plein soleil.

### Genre PSYCHE, Schr.

32. **Graminella,** W.v.

Bois herbus, haies, fourrés, en mai et juin.

Fourreau long, recouvert de feuilles coupées, se trouve sur les graminées, les orties, les ronces, etc., en avril.

---

[1] Légion encore extrèmement curieuse. Les fourreaux de ces industrieuses chenilles varient à l'infini. Une espèce d'Algérie s'en construit un à quatre pans, avec de petites pailles, et si régulier qu'on dirait d'un petit panier confectionné par d'adroits naturels. Malheureusement nos espèces sont de petite taille, ce qui détourne un peu l'attention de leurs œuvres; mais j'en possède une exotique dont le fourreau a presque un décimètre et est composé avec de grosses branches de bois au lieu de pailles.

33. **Pulla,** Esp.

Prés, parties herbues et fraiches des bois. S'attache aux graminées, en mai.

Fourreau revêtu de pailles aplaties; sur les graminées, en avril.

34. **Roboricolella,** Brd.

Commune dans tous les bois, parmi les herbes et sur le tronc des chênes, en juin.

Fourreau petit, revêtu de pailles irrégulières, mais non aplaties; sur les chênes, en mai.

35. **Calvella,** Och.

Parties ombragées des bois, en juin.

Fourreau ovoïde recouvert de brindilles hérissées en tous sens. Sur les *rhamnus*, dans les allées des bois, en mai.

## Legio **CRASSICORNES**, Gn.

*Les chenilles sont lentes, courtes, ramassées, garnies de poils
courts. Les papillons ont les antennes presque toujours renflées
au sommet : leurs ailes sont oblongues et ont une nervulation
particulière et souvent compliquée. Ils volent en plein jour.*

### Tribu **GLOBULOSÆ**, Gn.

*Les chenilles sont semi-ovoïdes, pubescentes, gonflées et comme
lymphatiques. Les papillons sont de petite taille, ils ont les ailes
allongées, luisantes, de couleurs très-vives, avec une nervure
supplémentaire. Ils volent en plein soleil.*

### Fam. **PROCRIDÆ**, Bdv.

Les papillons mâles ont les antennes garnies de lames, et leur
corps est proportionné à leurs ailes qui sont de couleurs uniformes.

### Genre AGLAOPE, God.

*Les papillons ont les ailes demi-transparentes, et à écailles
piliformes, les antennes pectinées courtes et massives. Les chenilles sont glabres et leurs coques oviformes consistantes et lisses.*

36. **Infausta,** Lin. (*Le Sphinx des Haies.*)

Années chaudes, sur les haies, en juillet; une ou deux
fois à Châteaudun.

Chenille rase, jaune, à dos vineux ponctué de noir, vivant
par groupes sur l'aubépine, en juin [1].

---

[1] Cette chenille cause d'assez grands dégâts dans le midi de la France,
où elle s'attaque souvent aux arbres fruitiers qu'elle dépouille entièrement de leurs feuilles, tant ses familles sont nombreuses; mais chez
nous, où elle ne paraît que dans des années exceptionnelles et en petit
nombre, elle ne saurait donc être rangée parmi nos ennemis.

## Genre PROCRIS, Fab [1].

*Les papillons ont les ailes délicates, oblongues, vertes, luisan-*
*tes. Les chenilles sont pubescentes, les coques entourées de soie*
*lâche.*

37. **Pruni,** W.v.

Bord des petits bois, sur les buissons où elle vole vivement au soleil, en juin.

Chenille très-pubescente, grise, à dos rougeâtre taché de
noir; vit en mai, sur le prunellier.

38. **Globulariæ,** H.

Clairières des bois secs, en juin; plus rare que la *Statices.*

Chenille verte et ardoisée, à points latéraux rouges; vit
sur les *lotus*, en mai.

39. **Statices,** Lin. (*La Turquoise.*)

Commune dans les prés, en juin et août; volant parmi
les herbes.

Chenille jaune, à bande latérale purpurine; vit en mai,
sur les *rumex*, les genêts, etc.

---

[1] Ce genre est beaucoup plus nombreux en espèces qu'on ne se l'ima-
ginait autrefois; mais elles sont très-difficiles à distinguer entre elles. On
ne saurait trop encourager leur étude minutieuse et approfondie, et surtout la recherche de leurs premiers états qui peut seule donner des so-
lutions définitives.

Nota. Ici se place la tribu la plus brillante peut-être de tous les nocturnes, celle des *Verrucosæ*, qui se compose principalement de la famille
des Gynautocérides. Ces magnifiques espèces habitent le continent et les
archipels de l'Inde, la Chine, etc., et sont souvent d'une très-grande taille.
L'espèce, qui résume pour ainsi dire toutes les beautés de cette tribu si
riche, est l'*Erasmia Pulchella*, sorte de *Procris* gigantesque sur les ailes
de laquelle les dessins les plus variés sont brodés sur un fond d'un vert
métallique resplendissant.

## Tribu VERTICILLATÆ, Gn.

*Les chenilles ont des mamelons arrondis qui portent des poils courts, et la tête petite. Les coques sont ovoïdes et consistantes. Les papillons ont l'abdomen long, les ailes supérieures étroites, foncées, avec des taches rouges ou claires : ils volent rapidement en plein soleil.*

### Fam. ZYGÆNIDÆ, Latr.

Les chenilles sont semi-ovoïdes, pubescentes, à tête très-petite et rentrant dans un étui corné. Les papillons ont les palpes très-petits, les antennes renflées en massue, terminées par une pointe, l'abdomen très-long, les pattes glabres, les ailes supérieures étroites, vertes, à taches rouges, blanches ou jaunes. Posés, ils sont lourds, lymphatiques, mais ils volent rapidement au soleil.

### Genre ZYGÆNA, Fab.

40. **Minos**, W.v. (*Le Sphinx de la Piloselle*).

Prairies et gazons : Jouy, Auneau, Nogent, en juin.

Chenille d'un jaune verdâtre à deux rangs de taches noires coupées de points jaunes; vit en mai et juin, sur les *lotus, trifolium*, etc.

41. **Achilleæ**, Esp.

Collines arides mais couvertes d'herbe : Maintenon, mai et juillet.

Chenille d'un vert pomme, à deux rangs de points noirs petits et arrondis; vit en avril, sur les coronilles.

*Var.* BELLIS, Hb. — Mêmes lieux et époques.

42. **Trifolii**, Esp.

Prairies voisines des bois : Béville, Champrond, juin et juillet.

Chenille d'un vert-jaunâtre avec quatre lignes dorsales et une ventrale de points noirs; vit en mai et juin, sur les *lotus, trifolium, hippocrepis*, etc.

*Var.* GLICIRRHIZÆ, Hb. — Mêmes localités.

### 43. **Loniceræ**, Esp.

Près humides : Fontenay-sur-Eure, etc., en juin.

Chenille d'un vert sale, à taches noires divisées, et à points jaunes; vit en juin et juillet, sur les *lotus, trifolium, coronilla*, etc.

### 44. **Hippocrepidis**, Hb.

Collines sèches et calcaires, en juillet. — Auneau, Verdes.

Chenille vert-jaunâtre, à bande jaune surmontée de taches noires divisées, et parfois une stigmatale noire; vit en juin, sur les *lotus*.

### 45. **Filipendulæ**, Lin. ( *Le Sphinx-Bélier.* )

Très-commune sur les scabieuses, les origans, etc., en juillet et août.

Chenille d'un jaune verdâtre, à taches noires divisées, entrecoupées de jaune; vit en mai et juin, sur les *lotus*, les *coronilles*, le *genista sagittalis*, etc.

### 46. **Onobrychis**, Fab. ( *Le Sphinx de l'Esparcette.* )

Collines calcaires : Béville, Le Mée, juillet et août.

Chenille d'un vert pâle, avec deux séries de taches noires reposant sur une ligne claire entrecoupée de jaune; vit en juin, sur le *lotus corniculatus*.

*Var.* CINGULO RUBRO.

*Var.* MACULIS OMNINO RUBRIS.

### 47. **Fausta**, Lin. ( *Le Sphinx de la Bruyère.* )

Collines chaudes, sur les fleurs de bruyère et de serpolet, en août.

Chenille vert-pomme, à sous-dorsale blanche coupée de jaune avec un point noir au-dessus, collier rouge; vit en juin, sur les *coronilla minima* et *emerus*.

## Fam. **SYNTOMIDÆ**, Bdv.

Les chenilles sont plus allongées, garnies de tubercules portant des poils très-variés, ceux des extrémités toujours plus
longs. Les coques sont molles. Les papillons n'ont point les antennes en massue, leurs ailes ont des taches transparentes.

Cette famille très-nombreuse en exotiques est à peine représentée en Europe. Les chenilles ont des formes très-variées et
qui tiennent bien plus des Glaucopides et des Lithosides que des
Zygènes.

### Genre NACLIA, Bdv.

*Les chenilles sont atténuées aux extrémités, garnies de ma-
melons portant des poils assez longs sur les deux derniers anneaux. Les papillons sont de petite taille, à ailes assez larges,
concolores, à antennes ciliées et sans renflement.*

Ce genre forme le passage des Syntomides aux Lithosides dont
il a plutôt l'aspect que celui des premières, ainsi que ses chenilles.

### 48. **Ancilla**, Lin. ( *La Servante.* )

Bois secs et chauds, en juillet et août; vole le jour parmi
les herbes ou sur les buissons.

Chenille brune avec les sous-dorsales maculaires jaunes;
vit en avril et mai, sur les lichens des pierres et aussi sur
les graminées. On la rencontre quelquefois en secouant les
feuilles sèches accumulées au pied des roches dans les bois.

Cette légion comprend encore la tribu des *Penicillatæ* qui renferme la
nombreuse famille des Glaucopides, composée d'une foule de genres
tous exotiques, qui passent insensiblement des Syntomides aux Lithosides.

---◦◆◦---

## Legio **PLICATULÆ**, Gn.

*Les chenilles sont courtes et garnies de poils verticillés mais courts. Les papillons ont les ailes inférieures plus ou moins plissées, souvent comme enroulées autour du corps; celui-ci généralement grêle et point velu ainsi que les pattes, les antennes rarement pectinées.*

### Tribu **LICHENIVORÆ**, Gn.

*Les chenilles vivent de lichens ramollis par la rosée ou du parenchyme des feuilles. Les papillons, généralement de petite taille, ont les ailes étroitement appliquées au corps, la trompe souvent assez longue. Ils volent le soir.*

### Fam. **NOLIDÆ**, Gn.

Les chenilles sont très-courtes, aplaties en-dessous, paresseuses, molles, avec des poils fins inégaux; elles vivent de lichens ou du parenchyme des feuilles. Les papillons sont petits, à ailes assez larges, à antennes très-ciliées chez les mâles et à palpes en bec.

### Genre NOLA, Leach.

**49. Cicatricalis,** Tr.

Assez commune dans les bois de chênes, sur le tronc desquels elle se tient en mai et juin.

Chenille inconnue.

**50. Confusalis,** Hs. — CRISTULALIS, Dup.

Bois ombragés, en avril. Châteaudun. — Plus rare que la précédente, dont elle n'est peut-être qu'une variété.

Chenille blanchâtre ou rousse avec des dessins gris ou ferrugineux, vivant sur les feuilles tendres de chêne. fin mai et courant de juin. S'élève assez facilement.

51. **Strigula**, W.v. — Monachalis, Haw.

Tronc des chênes, en avril et juillet. — Rare. Châteaudun.

Chenille blanchâtre ou soufrée; vit sur le chêne, dans le courant de juin. Difficile à élever jusqu'au bout.

52. **Albula**, W.v.

Bois et avenues, en juillet. Châteaudun, années chaudes. — Rare.

Chenille inconnue.

53. **Togatulalis**, Hb.

Bois, en juillet. Châteaudun. — Très-rare.

Chenille blanche, à poils très-longs, avec quatre points noirs; vit en mai et juin, sur les feuilles de chêne dont, elle ne mange que le parenchyme. Très-difficile à élever.

54. **Cucullatella**, Lin. — Palliola, W.v.

Assez commune à la fin de juin; vole au crépuscule.

Chenille d'un gris-noirâtre, à losanges dorsales blanches; vit sur les lichens du prunellier, en mai. — Facile à trouver et à élever.

### Fam. **LITHOSIDÆ**, Bdv.

Les chenilles sont cylindriques et vivent sur les lichens des arbres et des pierres. Les papillons ont les antennes filiformes, et les palpes courts et incombants.

### Genre NUDARIA, Stph.

*Les chenilles ont de longs poils. Les papillons ont les ailes larges, transparentes, non roulées autour du corps.*

55. **Mundana**, Lin.

Bois rocheux : Châteaudun, juillet. Parfois sur les ormes couverts de lichens.

Chenille d'un gris sale, avec une bande dorsale jaune divisée par un filet vasculaire; vit en juin, sur les lichens des pierres et des arbres.

### 56. **Murina,** Esp.

Murs de clôture : Chartres, juillet et août.

Chenille à très-longs poils, gris-clair, avec deux rangs de taches jaunes; vit par groupes nombreux, en mai et juin, sur les lichens des murs.

### Genre CALLIGENIA, Dup.

*Les chenilles ont des poils disposés en brosses serrées. Les papillons tiennent leurs ailes en toit aplati, les quatre nervules inférieures sont parallèles; les ailes sont généralement roses à dessins noirs.*

### 57. **Miniata,** Forst. — Rubicunda, W.v. — Rosea, Fab. (*La Rosette*, Engr.)

Promenades, plantations, petits bois, en juin. Se pose sous les feuilles.

Chenille grise, à brosses épaisses, d'un gris foncé et tête blonde; vit en avril et mai, sur les lichens des chênes et des ormes.

### Genre SETINA, Schr.

*Les papillons sont jaunes, à points noirs, à nervulation particulière et tiennent leurs ailes en toit déclive. Les mâles ont sous la poitrine deux timbales parcheminées.*

### 58. **Irrorella,** W.v.

Collines chaudes et pierreuses, en juillet; vole le jour. — La femelle est rare.

Chenille jaune, à dessins noirs et à longs poils; vit en mai et juin, sur les lichens des pierres.

## Genre LITHOSIA, Fab.

*Les chenilles sont fusiformes avec des poils courts, verticillés. Les papillons ont les ailes supérieures longues, étroites, se recouvrant au repos, et les inférieures larges et très-plissées. Ils volent au crépuscule.*

59. **Mesomella,** Lin. (*L'Eborine,* Engr. )
Var. à ailes jaunes.

Commune en juillet dans tous les bois. — Le type et la variété aussi communs l'un que l'autre.

Chenille noire, à verticilles de poils veloutés de même couleur et la tête ferrugineuse [1] ; vit en avril et mai, sur les lichens des chênes.

60. **Quadra,** Lin. — Deplana, Lin. (*Le Mâle.* )

Parcs, bois de chênes, en juillet et août. — Les deux sexes très-différents.

Chenille soufrée, à côtés noirs, avec des verrues noires et orangées ; vit sur le chêne, en mai et juin, mange quelquefois les feuilles, mais on la nourrit parfaitement avec des lichens ramollis comme les autres Lithosies.

61. **Rubricollis,** Lin.

Bois, en mai et juin (voltige le jour autour des sapins dans les montagnes).

---

[1] Cette chenille paraît au premier abord difficile à distinguer de celle de la *Call. Miniata,* avec laquelle on la trouve souvent ; mais, en l'examinant attentivement, on voit qu'elles sont fort différentes. La *Miniata,* voisine de certaines Glaucopides, a des brosses de poils serrées et plus longues sur les premiers anneaux, tandis que chez la *Mesomella* ce sont des verticilles comme chez les autres Lithosies ; seulement les poils qui les composent sont d'une autre nature. En outre, ces poils eux-mêmes sont de deux structures différentes sur la *Miniata,* les uns paraissant simples à la vue, les autres hérissés de cils et comme plumeux ; rien de pareil chez la *Mesomella.*

Chenille aplatie en dessous, olivâtre, à verrues trapézoïdales fauves; vit sur les lichens des chênes et des pins, en
septembre.

### 62. **Griseola,** Hb.

Bois humides ou couverts, en juillet et août. — Pas
rare.

Chenille noire, à deux rangs de points fauves et taches
semblables sur les premiers anneaux; vit en mai et juin,
sur les lichens des arbres.

### 63. **Plumbeola,** Hb. — Lurideola, Tr. — Complanula, Bdv.

Bois et plantations, fin juin. — Plus rare chez nous que
la suivante. C'est l'inverse dans bien des pays.

Chenille noire, avec la stigmatale rouge à partir du troisième anneau; vit en mai, sur les lichens des arbres.

### 64. **Complana,** Lin.

Très-commune partout, en juillet et août; vole autour
des clématites en fleur.

Chenille noirâtre, avec deux rangs de taches fauves et
blanches presque oculées; vit en avril et mai, sur les lichens des arbres.

### 65. **Caniola,** Hb.

Lieux habités, maisons, clôtures, édifices publics, en
juin [1].

Chenille d'un gris de terre, avec deux lignes sous-dorsales ferrugineuses; vit en mai, sur les lichens des murs
et des toits.

### 66. **Vitellina,** Bdv. — Pallifrons, Zell.

Bois secs et pierreux : Châteaudun, juillet.

---

[1] Je l'ai prise à Chartres jusque dans les galeries qui entourent le toit
de la cathédrale, où sa chenille vit sur les lichens qui tapissent leurs
balustrades. On avait cru cette espèce exclusivement méridionale.

Chenille d'un brun terreux, à vasculaire noire, et taches sous-dorsales d'un fauve sale ; vit sur les lichens des pierres sous lesquelles elle se cache, en mai et juin.

67. **Unita,** W.v. — AUREOLA, Hb. ( *Le Manteau jaune*, Geoff.)

Allées des bois. Se cache sous les feuilles ; mai, juin et juillet.

Chenille d'un gris olivâtre, à verrues fauves, sous-dorsales claires et deux places jaunes sur les troisième et huitième anneaux ; vit sur les lichens des arbres, en août.

---

### Tribu PLANTIVORÆ, Gn.

*Les chenilles vivent de feuilles. Les papillons ont l'abdomen lisse, muni à la base de deux glandes vésiculeuses, la trompe courte. Ils volent en plein jour.*

### Fam. EMYDIDÆ, Gn.

Les chenilles vivent de graminées et ressemblent à celles des Lithosides. Les papillons mâles ont les antennes pectinées, point d'indépendante, et les ailes enroulées autour du corps. Ils volent pendant le jour.

### Genre EMYDIA, Bdv.

68. **Grammica,** Lin. ( *L'Ecaille Chouette*, Engr.)

Lieux herbus et élevés, champs de genêts, en juin et juillet : Châteaudun, Thoreau. — Assez rare.

Chenille noire, à ventre gris et ligne vasculaire rouge ; vit en avril et mai, sur les graminées. Difficile à élever.

69. **Cribrum,** Lin. ( *Le Crible*, Engr.)

*Var.* CANDIDA, Och.

Collines sèches et herbues, en juillet. — La variété *Can-dida* est presque aussi commune que le type, mais la variété *Punctigera* est tout à fait étrangère au département.

Chenille noire, à ligne vasculaire blanche et quelques poils blancs; vit en mai et juin, sur les graminées, se cache sous les pierres. S'élève assez facilement.


### Fam. **EUCHELIDÆ**, Bdv.

Les chenilles sont molles, rases, sauf quelques poils isolés. Elles vivent sur les plantes. Les papillons des deux sexes ont les ailes larges et disposées en toit très-incliné, les antennes et les palpes courts et filiformes. Ils volent le jour.


### Genre EUCHELIA, Bdv.

**70. Jacobeæ,** Lin. (*La Phal. Carmin du seneçon.*)

Très-commune dans les jardins et les prairies, en juin.

Chenille fauve, à bandes noires; vit par groupes sur le seneçon, en juillet.


### Fam. **CALLIMORPHIDÆ**, Gn.

Les chenilles sont cylindriques et garnies de verrues verticillées. Les papillons ont les ailes larges, luisantes, l'abdomen glabre, peu conique, avec deux glandes à la base.


### Genre CALLIMORPHA, Latr.

*Les papillons ont les antennes ordinairement filiformes chez les deux sexes, les palpes et le corps entier lisses, les ailes larges et luisantes. Ils volent pendant le jour autour des buissons.*

71. **Hera**, Lin.

Jardins, broussailles, haies, lieux humides, etc., en
août.

Chenille brune, avec un dessin crucial jaune ou roux et
la stigmatale semblable; vit en avril et mai, sur les orties
et les borraginées.

72. **Dominula**, Lin.

Bois humides, prés marécageux, en juillet. — Très-
commune dans certaines localités, Longsault, Le Méc, etc.

Chenille d'un noir-bleu, avec trois bandes soufrées; vit
en avril, sur les borraginées.

*Var.* à ailes infér. jaunes.

On en obtient çà et là un individu en élevant beaucoup
de chenilles.

# Legio PLUMICORNES, Gn.

*Les chenilles sont hérissées de poils souvent fort longs. Les papillons ont le corps robuste, velu, les ailes épaisses, peu ou point plissées, les antennes garnies de lames distinctes, les palpes très-courts et la trompe nulle ou rudimentaire.*

## Tribu HIRSUTÆ, Gn.

*Les chenilles sont entièrement hérissées de longs poils verticillés. Les papillons ont le corps épais et velu ainsi que les pattes, les antennes ordinairement pectinées chez les mâles et dentées chez les femelles, les ailes à couleurs vives ou à taches tranchées.*

### Fam. CHELONIDÆ, Bdv.

Famille bien représentée en Europe, et dont les espèces exotiques se rapprochent beaucoup des nôtres.

### Genre NEMEOPHILA, Stph.

*Les deux sexes sont très-différents. Le mâle vole en plein jour.*

73. **Russula**, Lin. — Sannio, Lin. (le mâle). — (*La Bordure ensanglantée*, Geoff.).

Bois herbus et broussailles, en mai et août. — La femelle est rare.

Chenille noirâtre, à vasculaire blanche coupée de fauve. Mange toutes sortes de plantes basses, en avril et juillet. Difficile à trouver, quoique le papillon soit commun.

Genre CHELONIA, Latr.

*Les papillons ont le corps laineux, les antennes pectinées, les ailes larges et bigarrées de couleurs vives; ils les tiennent en toit écrasé.*

74. **Curialis,** Bk. — Civica, Hb. — (*L'Écaille brune,* Geoff.)

Carrières, bois pierreux. — Assez rare et localisée. Châteaudun, en juillet.

Chenille noire, avec les poils des premiers anneaux d'un roux vif; vit en mars et avril, sur les graminées, la millefeuille, etc.

75. **Caja,** Lin. (*L'Écaille martre.*)

Commune dans les jardins, les bois, etc., en août.

Chenille à longs poils roux, ceux des côtés gris, les verrues blanches dans le jeune âge; vit polyphage, mai et juin.

76. **Purpurea,** Lin. (*L'Écaille mouchetée.*)

Vignes, luzernes, etc., en juin et juillet. Vole parfois le jour.

Chenille blanche, à poils jaunes avec une bande dorsale noire et des traits latéraux obliques; vit polyphage, en mai [1].

---

[1] Cette belle espèce ne se rencontre chez nous que dans certaines années; mais alors elle est parfois si abondante que sa chenille, qui se jette de préférence sur les jeunes bourgeons de la vigne, y cause des dégâts considérables. J'ai vu une de ces années désastreuses où elle avait dépouillé tous les ceps autour de Chartres. Il n'y a guères de remède à ce fléau; on pourrait détruire toutes les femelles, dont on s'empare très-facilement, car elles volent peu et lourdement et elles ont l'abdomen énorme et gonflé d'œufs; mais la Providence place d'ordinaire, après une année favorable à cette chélonide, une autre année contraire où l'espèce devient d'une extrême rareté.

77. **Villica**, Lin. (*L'Écaille marbrée.*)

Jardins, vergers, broussailles, en juin. — Commune.
Vole le jour quand elle est troublée.

Chenille noire, à poils bruns, tête et pattes rouges; vit
en avril et mai, sur la millefeuille et une foule d'autres
plantes.

78. **Hebe**, Lin. (*L'Écaille couleur de rose*, Geoff.)

Broussailles, fondrières, principalement dans les terrains
calcaires, en juin. — Rare chez nous.

Chenille noire, à longs poils d'un gris clair sur le dos et
roux sur les côtés; vit en mars et avril, dans les vieilles
carrières et les endroits sablonneux, sur une foule de
plantes.

## Genre PHRAGMATOBIA, Stph.

*Les papillons ont les antennes simples dans les deux sexes et
les ailes un peu transparentes.*

79. **Fuliginosa**, Lin. (*L'Écaille cramoisie*, Engr.)

Jardins, clôtures, murs, croisées, en mai et juin, puis
septembre.

Chenille d'un brun-roux; vit polyphage, en avril et
août, puis en octobre.

## Genre SPILOSOMA, Stph.

*Les papillons sont de petite taille, à antennes courtes bipec-
tinées, et les mâles, à ailes unies avec des points noirs pour
tout dessin.*

80. **Menthastri**, W.v. (*La Phalène tigre.*)

Commune dans les jardins, champs, etc., en juillet et
août.

Chenille d'un brun-noir, à ligne vasculaire fauve; vit polyphage, de juillet à octobre, au pied des murs, des clôtures, etc.

**81. Urticæ,** Esp.

Beaucoup plus rare. Mêmes lieux et époque.

Chenille toute noire; vit principalement sur l'ortie, en août et septembre.

**82. Lubricipeda,** W.v.

Bois, jardins, champs, broussailles, etc., en juin et juillet.

Chenille grise, à poils blonds et taches latérales claires; vit en septembre et octobre, sur l'ortie, la ronce, etc.

**83. Mendica,** Lin. (*La Mendiante.*)

Prés, jardins, lieux frais, etc., en mai.

Chenille grise, à bande dorsale jaunâtre et tache claire sur le 11e anneau; vit polyphage, en juillet et août.

---

Tribu VERRUCOSÆ, Gn.

*Les chenilles ont de petits boutons rétractiles sur le 11e anneau, et en outre des poils inégaux : elles vivent généralement sur les arbres. Les papillons ont les antennes courtes, la trompe nulle ou rudimentaire, point de stemmates, mais un frein aux secondes ailes qui ne sont nullement plissées. Les femelles sont toujours beaucoup plus grosses que les mâles et parfois sans ailes.*

Fam. **LIPARIDÆ,** Bdv.

Famille nombreuse en genres et espèces exotiques, quoique assez limitée chez nous.

## Genre LARIA, Hb.

*Les chenilles ont des aigrettes de poils inégales. Les papillons ont les antennes pectinées chez les deux sexes et les ailes larges, demi-transparentes, sans dessins.*

Nota. Ce genre comprend plusieurs espèces exotiques dont l'aspect est beaucoup plus grêle que la nôtre et dont les ailes ont une apparence soyeuse et argentée.

### 84. **V nigrum**, Fab. (*Le V noir.*)

Bois d'une certaine étendue, en juillet. — Rare. Bois de Thoreau, près Châteaudun.

Chenille brune, maigre, à longs poils sur les premiers et derniers anneaux; vit en mai et juin, sur le bouleau et le chêne. Difficile à élever. Chrysalide verte.

## Genre LEUCOMA, Steph.

*Les chenilles ont des verrues verticillées, mais sans brosses. Les chrysalides sont garnies de bouquets de poils et placées entre les feuilles. Les papillons mâles ont les antennes bipectinées, les femelles, bidentées. Elles couvrent leurs œufs avec une colle saliveuse.*

### 85. **Salicis**, Lin. (*L'Apparent*, Geoff.)

Très-commune dans les plantations de peupliers, en juillet. La femelle recouvre ses œufs d'une substance écumeuse.

Chenille noire, à verrues fauves et larges taches dorsales blanches; vit en mai et août, sur les peupliers et les saules.

Genre PORTHESIA, Stph.

*Les chenilles ont des tubercules et en outre des touffes dor-
sales. Les chrysalides sont dans des coques. Les papillons femelles ont les antennes courtes et filiformes et l'anus garni
d'une bourre soyeuse qui leur sert à couvrir leurs œufs.*

86. **Chrysorrhæa**, Lin. [1] ( *La Ph. à cul brun*, Geoff.)

Extrêmement commune partout, en juillet et août.

Chenille brune, à touffes de poils roux avec deux boutons
orangés sur les 9e et 10e anneaux; vivant en société, sur les
haies, les arbres fruitiers et forestiers, en mai et juin.

87. **Auriflua**, W.v.

Bois et jardins, en juillet.

Chenille noire, à vasculaire géminée, d'un beau rouge
et touffes de poils blancs; vit solitaire, sur le chêne et les
arbres fruitiers, en mai et juin. — Commune, mais trop
peu nombreuse pour faire de grands dégâts.

[1] L'espèce la plus nuisible aux arbres et celle contre laquelle sont di-
rigées les lois sur l'échenillage. Le paquet de soie qui sert de refuge à
la société est toujours fixé au sommet des rameaux. Il doit être coupé
pendant que les chenilles sont encore jeunes; car, après leurs premières
mues, elles se répandent sur les arbres environnants et ne rentrent
plus au nid. En outre, il doit être emporté ou brûlé sur place, sans quoi
les chenilles remonteraient aux branches. C'est en hiver que la section
des nids est le mieux placée; car, si l'on attend au printemps, le soleil
dissipe l'engourdissement des jeunes chenilles, dont les plus vives sortent
de leur toile. Outre la destruction des nids, si l'on rencontre une femelle laissant après elle sur les feuilles un petit amas de poils mordorés,
il faut détruire ce dernier avec soin; c'est une colonie de chenilles de
moins. Enfin, dans les bois trop gravement atteints (et j'en ai vu des
hectares entiers sans une seule feuille), l'échenillage devient impossible. Il faut alors allumer, de distance en distance, de petits feux auxquels les papillons viennent se brûler. Les mois de juillet et août sont
les plus favorables pour cette opération. On remarquera, du reste, que,
pour cette espèce comme pour les autres, la nature met quelquefois
elle-même un terme à ces ravages en arrêtant la multiplication par des
moyens climatériques.

La bourre soyeuse qui garnit l'abdomen de cette espèce et de la précédente, entre facilement dans l'épiderme et y cause des démangeaisons analogues à celles de la Processionnaire, mais moins cuisantes et plus passagères.

### Genre CNETHOCAMPA, Stph.

*Les chenilles ont des tubercules munis de longs poils. Les papillons femelles ont les antennes bidentées, le thorax laineux et l'abdomen garni d'une bourre soyeuse.*

### 88. **Processionea,** Lin. (*La Processionnaire*, Réaum.)

Grands bois, en juillet. — N'est pas commune dans le département.

Chenille grise, à dos noirâtre et taches fauves; vivant en familles très-nombreuses, sur le chêne, en mai et juin. Migrations curieuses. Chrysalides agglomérées.

Ces chenilles et leurs nids doivent être touchés avec beaucoup de précaution, leurs poils entrant dans la peau et y causant de vives démangeaisons qui durent parfois longtemps et sont toujours douloureuses. Les lotionner avec de l'eau vinaigrée ou aiguisée de quelques gouttes d'acide phénique.

### Genre OCNERIA, Hb.

*Les chenilles ont des mamelons dorsaux, couverts de poils égaux verticillés. Les chrysalides sont entièrement couvertes de poils. Les papillons femelles n'ont ni oviducte ni laine abdominale.*

### 89. **Rubra,** W.v.

Châteaudun, Chartres, en juillet. — Rare.

Chenille d'un blond sale, avec le dos gris et la tête rousse; se trouve sur le chêne, d'abord en mars et avril, les feuilles étant encore sèches, puis grossit avec les bourgeons.

### Genre PSILURA, Stph.

*Les chenilles comme le genre précédent. Les chrysalides avec de simples pinceaux de poils. Les papillons femelles ont l'abdomen conique et terminé par un long oviducte corné; elles ressemblent aux mâles pour la couleur.*

**90. Monacha,** Lin. (*Le Zigzag à ventre rouge,* Engr.)

Bois de chêne, principalement ceux d'une certaine étendue, en juillet.

Chenille cendrée, à places plus claires et verrues concolores; vit en mai et juin, sur les chênes, les hêtres et les pins, descend le long des troncs et se cache entre les écorces.

### Genre LIPARIS, Och.

*Les chenilles et chrysalides, comme les précédentes. Les papillons femelles ont l'abdomen gros, long et terminé par une énorme masse de poils soyeux; elles diffèrent beaucoup des mâles par la couleur, ceux-ci ont les antennes fortement ciliées.*

**91. Dispar,** Lin. (*Le Zigzag.*)

Très-commun dans les plus petits bois, en juillet et août. Le mâle vole en plein jour avec une grande vivacité.

Chenille grise, à mamelons moitié rouge-brique et moitié noir-bleu; vit en mai et juin, sur le chêne, l'orme, le peuplier, etc. Elle est parfois si commune qu'elle cause de véritables dégâts; d'ailleurs elle est de grande taille, très-vorace et s'attaque souvent aux arbres fruitiers. Il faut donc la détruire avec soin et récolter les femelles qui pondent beaucoup d'œufs qu'elles abritent, comme la *Chrysorrhæa,* sous un paquet de poils bruns.

6

## Genre ORGYIA, Ochs.

*Les chenilles sont munies de fortes brosses de poils serrées sur les anneaux du milieu, et d'un pinceau sur le 11e. Les papillons ont les palpes et la trompe assez distincte. Les femelles ont des ailes et les premières pattes très-velues.*

92. **Pudibunda,** Lin. (*La Patte étendue.*)

Jardins, vergers, bois, etc., en mai.

Chenille verte ou brune, à incisions noires, brosses blanches, pinceau rose; vit sur presque tous les arbres, en octobre [1].

93. **Fascelina,** Lin. (*La Patte étendue agathe*, De Géer.)

Prés, bois de genêts, en juin et août. — Rare chez nous.

Chenille grise, à brosses noires et blanches; vit en mai sur les genêts et la bruyère.

## Genre APTEROGYNIS, Gn.

*Les chenilles ont des brosses comme les précédentes et en outre des aigrettes de poils à sommet plumeux. Les femelles sont privées d'ailes et pondent sur leur coque une quantité d'œufs considérable. Les mâles sont petits, mais extrêmement vifs et volent en plein jour.*

94. **Antiqua,** Lin. (*L'Étoilée*, Geoff.)

Vergers, jardins, haies, en juin et septembre.

Chenille noire, à brosses jaunes, verrues rouges et cinq aigrettes; vit en mai et août, sur le chêne, le prunier, etc. Attaque aussi les arbres fruitiers.

---

[1] Il est rare que cette espèce se multiplie assez pour devenir très-nuisible. Cependant, en 1848, elle dévasta les forêts de la Lorraine.

95. **Gonostigma**, W.v. (*La Soucieuse*, Engr.)

Mêmes mœurs et époques. — Mais un peu plus rare dans notre département.

Chenille noire et rouge, à brosses blondes et trois aigrettes; vit en mai et août, sur l'aubépine, les ronces, etc.

### Genre DEMAS, Stph.

*Les chenilles sont courtes et aigrettées. Les papillons ont une trompe distincte, et sur les ailes, les taches des noctuélites.*

96. **Coryli**, Lin.

Bois, en mai.

Chenille d'un blanc roux, avec la tête et trois aigrettes rousses; vit sur le chêne, en septembre et octobre.

---

### Tribu **PANNOSÆ**, Gn.

*Les chenilles sont allongées, garnies de poils variés, parfois drapés, jamais complétement verticillés. Les papillons sont lourds, velus, sans trompe, sans frein et sans stemmates, à antennes épaisses, serrées, fortement bipectinées chez les mâles, à pattes courtes et sans éperons.*

Belle tribu comprenant les genres les plus variés pour les formes et surtout pour la nervulation. Les exotiques y sont nombreux et souvent curieux.

### Fam. **BOMBYCIDÆ**, Latr.

Les chenilles sont cylindriques et sans appendices. Les papillons ont les palpes courts et incombants; leurs ailes inférieures ne dépassent pas les autres au repos.

## Genre TRICHURA, Stph.

*Les chenilles sont cylindriques, peu velues, avec des verrues rousses, la coque est parcheminée quoique en terre. Les papillons sont petits, à abdomen court.*

### 97. **Cratægi**, Lin.

Petits bois, buissons, etc., en août.

Chenille très-variable, brune, à verrues rousses; vit en mai, sur l'aubépine et le prunellier.

## Genre POECILOCAMPA, Stph.

*Les chenilles sont aplaties en dessous, peu velues sur le dos. Les papillons n'ont point de palpes distincts. Les antennes des femelles sont filiformes.*

### 98. **Populi**, Lin.

Prés, bois, avenues, en octobre.

Chenille grise, à losanges foncées très-variables; vit en mai et juin, sur le peuplier, le chêne, l'érable, etc.

## Genre ERIOGASTER, Germ.

*Les chenilles ont deux verrues dorsales par anneau, les coques sont ovoïdes et consistantes. Les papillons femelles ont une bourre abondante à l'extrémité de l'abdomen.*

### 99. **Lanestris**, Lin.

Bois, haies, en février et mars.

Chenille noire, à sous-dorsales crénelées, jaunes, et pattes membraneuses rouges; vit en sociétés nombreuses sous une toile commune, sur l'épine et le prunellier, en mai et juin [1].

100. **Everia,** Knock.

Vergers, jardins, etc., en octobre. — Rare chez nous.

Chenille brune, à stigmatale coupée de bleu; vit solitaire, sur le pommier, le bouleau, etc., en mai.

Genre CLISIOCAMPA, Stph.

*Les chenilles vivent en société, elles sont longues, molles, peu velues, sans verrues dorsales, rayées de lignes longitudinales; les coques sont molles et entremêlées d'une substance farineuse. Les papillons femelles n'ont pas de bourre anale.*

101. **Neustria,** Lin. (*La Livrée.*)

Bois et jardins, en juin et juillet. Varie beaucoup.

Chenille bleue, rayée de noir et de fauve, avec la vasculaire blanche; vivant en familles nombreuses, sur presque tous les arbres, en mai et juin [2].

---

[1] La coque de ce Bombycide présente cette singulière particularité qu'elle est complétement inaccessible à l'air, et que cependant elle n'a que la dimension rigoureusement nécessaire pour contenir la chrysalide, qui s'y trouve fort à l'étroit. On remarque, il est vrai, deux petites ouvertures ménagées vers le milieu de la coque, mais qui ne pénètrent point jusqu'à l'intérieur. Il faut donc admettre que l'animal passe huit mois, c'est-à-dire la plus grande partie de son existence, en ne consommant, pour sa respiration, qu'une quantité d'air très-inférieure à son propre volume.

[2] Ennemie redoutable des arbres fruitiers parce qu'elle y vit par groupes nombreux. On a indiqué comme remède la destruction des *bagues* ou colliers que forment autour des branches les œufs que la femelle y dépose, en les rangeant avec une symétrie admirable. Mais ces bagues échappent presque toutes à nos yeux; il vaut mieux, quand on aperçoit une chenille, si elle est encore jeune, chercher avec soin la famille entière qui n'est jamais bien loin, et que trahiront d'ailleurs les feuilles dépouillées en cet endroit. On en détruit alors de grandes quantités à la fois. Mais ce moyen n'a plus d'efficacité quand les chenilles ont atteint leur taille normale, parce que, alors, elles vivent isolément.

102. **Castrensis**, Lin. ( *La Livrée des prés.* )

Prés et collines herbues, lieux calcaires, en mai et juin. — Beaucoup plus rare et peu variable.

Chenille bleue, à bandes fauves, ponctuées de noir; vit sur l'*helianthemum vulgare*, la jacée, les euphorbes, la bruyère, etc., en juin et juillet.

Genre BOMBYX, Lin.

*Les chenilles sont garnies de poils drapés ou satinés; elles vivent solitaires, leurs coques sont consistantes et ovoïdes sauf celle du* Dumeti. *Les papillons ont les quatre ailes semblables, épaisses et velues. Les mâles ont les antennes fortement et régulièrement bipectinées; ils volent avec vivacité.*

103. **Dumeti**, Lin.

Bois herbus, en octobre et novembre. — Rare, Château-dun.

Chenille noirâtre, à taches transversales noires, éclairées en avant, et poils roux; vit sur les *hieracium*, *leontodon*, etc., en mai et juin.

104. **Quercus**, Lin. ( *Le Minime à bandes.* )

Commun dans les bois, les jardins, les champs, etc., en juin et juillet. Les mâles sont attirés en grande abondance par une femelle piquée dans un lieu quelconque.

Chenille noire, à poils drapés blonds, et sous-dorsale blanche; vit en mai, sur l'aubépine, la ronce, le chêne, les arbres fruitiers.

105. **Trifolii**, W.v.

Champs et prairies artificielles, en juin et juillet. — Plus rare que *Quercus.*

Chenille noire et bleue, à poils fauves et collier orangé; vit en mai et juin, sur les trèfles, les genêts, les luzernes; délicate à élever.

*Var.* MEDICAGINIS, Och. — Comme le type.

**106. Rubi,** Lin.

>Bois, prés, etc., en mai et juin. Vole rapidement vers quatre heures du soir et s'abat parfois dans les gazons.

>Chenille noire, d'abord à bandes orangées, puis plus tard à poils drapés bruns; vit sur la ronce, le trèfle, en septembre et octobre, puis en mars. Facile à élever à cette dernière époque seulement.

Genre ODONESTIS, Germ.

*Les chenilles sont cylindriques, sans appendices latéraux et avec deux pinceaux de poils. Les papillons diffèrent beaucoup suivant le sexe; ils ont les ailes à peine dentées et les palpes prolongés en bec.*

**107. Potatoria,** Lin. (*La Buveuse.*)

>Prés marécageux, en juillet.

>Chenille noirâtre, à sous-dorsales jaunes et poils latéraux blancs; vit en mai et juin, sur les *carex*, *bromus*, etc.

Genre LASIOCAMPA, Latr.

*Les chenilles sont aplaties en dessous, pubescentes en dessus et munies d'appendices latéraux garnis de poils plus longs furfuracés; les coques sont oblongues et molles. Les papillons ont les palpes plus ou moins saillants en bec, les ailes dentelées, les inférieures dépassant les supérieures dans le repos, attitude qui fait ressembler plusieurs d'entre eux à un paquet de feuilles desséchées.*

**108. Pruni,** Lin.

>Jardins, vergers, bois, en juillet. — Rare.

>Chenille grise, à dessins bleuâtres, avec un collier rouge, bleu aux extrémités; éclôt en août, passe l'hiver et grossit jusqu'en mai et juin. Prunier, pommier, tilleul.

**109. Quercifolia,** Lin. ( *La Feuille morte.* )

Jardins et vergers, en juillet. — N'est pas rare.

Chenille grise ou brune, avec deux colliers noirs et bleu sombre, et une caroncule sur le 11e anneau; vit adulte, en mai et juin, sur le pêcher, l'abricotier, etc. [1].

**110. Populifolia,** W.v.

Avenues de peupliers, en juin. Prise une fois aux *Grands-Prés*. — Très-rare.

Chenille grise, avec un collier bleu, et un autre orangé; vit en septembre, octobre, puis avril et mai, sur les peupliers et les saules.

**111. Betulifolia,** Fab.

Prés et bois, en septembre. — Rare, Châteaudun.

Chenille cendrée, avec deux colliers orangés et noirs; vit en août, sur le chêne, le bouleau, le peuplier et le frêne.

NOTA. Ici se placent une foule de genres et même de familles qui ménagent la transition entre les Bombycides et les Endromides, mais dont aucun n'est européen.

---

[1] Encore une ennemie de l'horticulture. Heureusement elle n'est pas très-commune, mais elle est grosse et consomme beaucoup. Elle dépouille les jeunes espaliers, et il faut quelque attention pour la découvrir, étroitement collée contre les branches, dont elle imite la couleur. Aucun autre moyen de destruction que la recherche directe.

## Legio **PECTINICORNES**, Gn.

*Les chenilles sont nues ou leurs tubercules n'ont que des poils isolés; leurs pattes anales sont larges et triangulaires. Les papillons mâles ont les antennes à lames doubles ou pilifères, les ailes inférieures n'ont point de frein.*

La plus belle légion des nocturnes ou du moins celle qui renferme les plus grands insectes. Certaines espèces sont gigantesques et triples ou quadruples de notre *Grand-Paon*. Les chenilles rivalisent de beauté avec les insectes parfaits. Plusieurs familles manquent chez nous (*Dirphides, Adelocephalides,* etc.) et les nôtres n'en sauraient donner aucune idée.

### Tribu **NUDÆ**, Gn.

*Les chenilles sont presque sphingiformes et tout à fait dépourvues de poils. Les papillons ont les antennes pectinées chez les deux sexes et à lames rapprochées, point de trompe; frange des ailes presque nulle.*

### Fam. **ENDROMIDÆ**, Bdv.

### Genre ENDROMIS, Och.

*Les chenilles ont une élévation pyramidale sur le dernier anneau. Les papillons ont les ailes minces, le corps laineux, les antennes contournées, les palpes presque nuls.*

112. **Versicolora**, Lin.

Prés, bois, avenues, sur le tronc des peupliers et des bouleaux, en mars et avril. — Très-rare dans le département. Je ne l'ai trouvé qu'une fois.

Chenille verte et blanche, à lignes latérales obliques; vit
en juin et juillet, sur le bouleau.

Nota. La tribu ne contient qu'une autre famille qui ne renferme qu'un
seul genre, dont les palpes sont très-distincts et les antennes droites
et longues. Il habite l'Australie.

---

## Tribu STELLATÆ, Gn.

*Les chenilles sont presque constamment garnies de verrues
très-saillantes, d'où partent des poils rangés circulairement,
ou d'épines rameuses; les coques sont épaisses et consistantes.
Les papillons, presque toujours de grande taille, ont les antennes régulières, courtes, à lames robustes, les quatre ailes
semblables, les supérieures dépourvues d'aréole.*

C'est dans cette tribu que se trouvent les Lépidoptères, dont
on cherche à faire les succédanés du Bombyx du mûrier (*Pernyi,
Yama-maï, Bauhiniæ, Cynthia, Paphia*, etc.). Une foule d'autres pourraient rivaliser avec le précieux Bombyx de la Chine
pour la production et la quantité de la soie, mais non pas, hélas!
pour la beauté des produits. Malgré tous les louables essais que
tente notre siècle positif, *le ver à soie* reste encore sans rival [1].

[1] Beaucoup de mes lecteurs chercheront sans doute le ver à soie dans
les tribus qui précèdent. Mais quoique cet insecte soit élevé chaque année dans notre département, on ne saurait le faire figurer dans un catalogue d'espèces européennes, puisqu'il ne vit chez nous qu'en domes-
ticité et jamais dans la nature. On sera peut-être bien aise d'apprendre
que ce précieux animal est presque sans analogue et qu'il compose
presque à lui seul un genre (*Sericaria*), une famille et même une tribu
pour laquelle il est très-difficile de trouver une place satisfaisante dans
la série des Lépidoptères, tant il s'éloigne des autres Bombyx par ses
caractères. Deux autres espèces seulement (*Sericaria Horsfieldi* et *Huttoni*) viennent se grouper près de lui : on n'a encore fait d'essais que sur
le *Huttoni*, mais on a trouvé une grande difficulté dans sa domestication.
Il paraît d'ailleurs probable qu'il ne présenterait pas d'avantages sur le
ver à soie ordinaire. Quant aux autres espèces de la tribu des Saturnides
par lesquelles on prétend le remplacer, je viens de dire ce que j'en pense.

Fam. **SATURNIDÆ,** Bdv.

### Genre AGLIA, Hb.

*Les chenilles sont chagrinées, sans tubercules, et n'ont d'é-*
*pines rameuses que dans le jeune âge. Les papillons mâles ont*
*les lames des antennes simples et l'abdomen grêle. Ils volent en*
*plein jour.*

113. **Tau,** Lin. (*La Hachette*, Engr.)

Grands bois de hêtres et de charmes, en avril. Senonches,
Bailleau, etc.

Chenille verte, à traits obliques jaunes (5 épines dans
sa jeunesse); vit sur le hêtre, en juin et juillet.

### Genre SATURNIA, Schr.

*Les chenilles ont des tubercules arrondis d'où partent des*
*poils. Les papillons ont les lames des antennes doubles, le corps*
*épais, laineux, les ailes ornées d'yeux dont le centre est plus*
*ou moins transparent.*

114. **Pavonia,** Lin. (*Le Grand-Paon de nuit.*) — Pyri, W.v.

Boulevards, jardins, en avril et mai.

Chenille verte, à tubercules d'un bleu-turquoise, d'où
partent des poils noirs; vit en août, sur l'orme et les arbres
fruitiers [1].

115. **Carpini,** W.v. (*Le Petit-Paon de nuit*) — Pavonia
minor, Lin.

[1] Elle cause des dégâts considérables aux poiriers et aux pommiers,
non pas qu'elle y soit jamais très-abondante, mais à cause de sa grosseur. Il faut tuer les femelles quand on les rencontre parce qu'elles
pondent une certaine quantité d'œufs. Cependant sa fécondité est loin
d'être comparable à celle des autres ennemis des arbres.

Bois, haies, vergers, etc., en avril.

Chenille verte, avec des bandes noires et des tubercules jaunes ou roses; vit en mai et juin, sur le prunellier par groupes nombreux dans le jeune âge. Je l'ai trouvée une fois sur la bourdaine. Elle n'attaque, en fait d'arbres utiles, que les pruniers, encore préfère-t-elle toujours le prunellier.

---

## Tribu CUSPIDATÆ, Gn.

*Les chenilles sont épaisses antérieurement, atténuées postérieurement, et le dernier anneau est terminé en pointe simple ou bifide; elles sont fréquemment garnies de petites aspérités, mais jamais de poils touffus. Les papillons sont petits, géométriformes et peu velus; leur abdomen est court, leurs ailes souvent falquées. Ils sont paresseux quoique légers.*

### Fam. DREPANULIDÆ, Bdv.

Les papillons ont les ailes supérieures aiguës à l'apex, un frein aux inférieures, et une trompe distincte.

### Genre PLATYPTERYX, Lasp.

**116. Hamula, W.v.**

Bois, en juin. — Commune.

Chenille testacée, à manteau plus clair, à pointe anale très-longue, et à double épine sur le 3e anneau; vit en septembre, sur le chêne.

**117. Falcula, Lin.**

Prés et bois ombragés, en mai et juin.

Chenille verte, à manteau gris vineux et tubercules roussâtres; vit en septembre et octobre, sur l'aune.

**118. Lacertula,** Lin.

Bois de bouleaux, en mai et juin. — Plus rare que les deux précédentes.

Chenille gris roussâtre, à trapézoïdaux tuberculeux et à pointe anale tronquée ; vit en août, sur le bouleau.

Fam. **CILICIDÆ,** Herr. Sch.

Les papillons ont les ailes arrondies, point de frein aux inférieures, point de trompe, les antennes granuleuses, etc.

Genre CILIX, Leach.

**119. Spinula,** W.v.

Haies et jardins, en juillet et août. — Commun à Châteaudun. Pose curieuse.

Chenille gris violâtre, à épines inégales et à pointe anale longue ; vit sur le prunellier, en septembre [1].

---

[1] Il est difficile de donner, en quelques mots, une idée nette des singulières chenilles de ces deux familles. Je les ai toutes élevées, mais je ne puis parvenir à abréger leurs descriptions. Il y a des années où elles ne sont pas très-rares, et la *Spinula* est toujours facile à trouver.

## Legio **PHALÆNIDÆ**, Auct.

*Les chenilles marchent en arquant leurs anneaux intermé-
diaires. Les papillons ont les ailes minces, jamais plissées, le
corps grêle, les palpes labiaux distincts, un frein, point de
stemmates. Ils volent soit en plein jour, soit au crépuscule.*

### Tribu **FIMBRIATÆ**, Gn.

#### Fam. **AVENTIDÆ,** Gn.

Les chenilles ont seize pattes, mais les intermédiaires beaucoup moins longues. Elles sont aplaties en dessous et garnies
latéralement d'appendices charnus filamenteux. Elles vivent de
lichens. Les papillons ont les palpes épais et squammeux, la
trompe bien développée, les pattes courtes.

### Genre AVENTIA, Dup.

**120. Flexula,** W.v.

Haies, bords des bois, en juin. — Rare partout. Châteaudun, Nogent.

Chenille couleur de lichen, à ventre bleuâtre; vit en
avril, sur les lichens du prunellier, de l'épine, de l'orme.

Cette curieuse chenille rappelle à la fois les *Lasiocampa*, les
*Catocala* et les *Metrocampa*. Ses appendices latéraux sont charnus et multifides et ont des rapports avec les filaments qui
servent au lierre à s'attacher aux murailles. Le ventre est
aplati comme celui des chenilles que je viens de nommer, mais
il n'est point, comme le leur, marqué de taches noires sous
chaque anneau. Elle est assez délicate.

## Tribu **GEOMETRÆ**, Auct.

*Les chenilles n'ont généralement que dix pattes. Les papillons ont les palpes grêles, la trompe faible, le corps presque toujours mince relativement aux ailes. La nervure sous-médiane est simple et l'aréole souvent divisée en deux parties.*

### Fam. **URAPTERYDÆ**, Gn.

Les chenilles sont très-longues, ramiformes, caronculées. Les chrysalides sont dans des coques suspendues. Les papillons ont les ailes assez épaisses, cotonneuses, les pattes robustes, les nervures refoulées vers la côte et l'aréole déprimée. Point d'indépendante aux secondes ailes.

### Genre URAPTERYX, Leach.

121. **Sambucata,** Lin. (*La Soufrée à queue*, Geoff.)

Grands jardins et petits bois, en juillet. — Jamais très-commune.

Chenille très-longue, brune, avec deux caroncules sur le 5e anneau et une sur le 7e; vit en octobre et novembre, sur le sureau, la ronce, le chêne, etc.

Les mœurs de cette belle espèce sont très-intéressantes, et la manière dont elle suspend sa chrysalide dans un réseau attaché par de longs fils est très-curieuse à observer.

Une seule géomètre européenne fait partie de cette famille, mais les espèces exotiques y sont nombreuses et pour la plupart de grande taille.

### Fam. **ENNOMIDÆ**, Gn.

Les chenilles, ramiformes ou pédonculiformes, vivent à découvert sur les arbres ou arbrisseaux. Les papillons ont les antennes presque toujours pectinées, l'abdomen épais chez les femelles, les ailes généralement dentées ou anguleuses.

Genre METROCAMPA, Latr.

*Les chenilles ont douze pattes et sont aplaties en dessous et garnies sur les côtés d'appendices filamenteux. Les papillons ont les ailes anguleuses et aiguës à l'apex.*

### 122. **Honoraria,** W.v.

Bois ombragés, en mai. — Pas très-commune. Châteaudun.

Chenille cendrée, à ventre d'un blanc-vert marqué de taches noirs; vit en août et septembre, sur le chêne. Je l'élevais autrefois tous les ans auprès de Châteaudun, mais je ne l'y rencontre plus depuis une dizaine d'années.

### 123. **Margaritata,** Lin.

Bois de chênes et surtout de hêtres, en mai, puis en août. — Tout le département, mais jamais très-commune. Les individus de la seconde génération sont moitié plus petits que ceux de la première.

Chenille grise, à dessins dorsaux et points trapézoïdaux du 11ᵉ anneau jaunâtres; vit en avril, puis en septembre et octobre, sur le chêne et le hêtre, l'aune, etc.

Genre ELLOPIA, Tr.

*Les chenilles ont douze pattes, mais ne sont point aplaties sous le ventre, et leurs appendices latéraux sont très-réduits et isolés; leurs trapézoïdaux sont saillants : elles vivent exclusivement de conifères. Les papillons ont les ailes minces, entières, à nervures faibles, à bords arrondis (chez nos espèces européennes).*

### 124. **Fasciaria,** Lin.

Bois de sapins, plantations d'épicéas, en avril, puis en juillet. — Rare. Châteaudun.

Chenille d'un brun rougeâtre, à taches sous-dorsales jaunes et chevrons bruns; vit sur le sapin, de juin en septembre.

Je n'ai jamais rencontré ici la *Prasinaria*, dont on veut faire une simple variété de la *Fasciaria*. Je l'ai au contraire prise abondamment au Mont-Dore, où je n'ai pas trouvé une seule *Fasciaria*. Sa chenille vit d'ailleurs sur les pins, et, observée de près, doit présenter des différences.

## Genre RUMIA, Dap.

*Les chenilles ont quatorze pattes, mais ne portent d'appendices filamenteux qu'entre les deux dernières paires; elles sont ramiformes. Les papillons ont les antennes simples et les ailes entières sans angles.*

125. **Cratægata**, Lin. (*La Citronelle rouillée*, Geoff.)

Très-commune, en mai et août, dans tous les bois et sur les haies. Vole au crépuscule.

Chenille renflée en arrière avec une longue pyramide sur le 7e anneau; vit sur les prunelliers, en mars et avril, puis de juillet à décembre. Elle varie pour la couleur.

## Genre VENILIA, Dup.

*Les chenilles ont dix pattes (comme toutes celles qui vont suivre maintenant), elles n'ont pas d'éminences et vivent sur les plantes basses. Les papillons ont les antennes simples et les ailes aiguës à l'apex. Ils volent en plein jour.*

126. **Maculata**, Lin. (*La Panthère*, Geoff.)

Très-commune partout, sur le bord des bois, en mai. Vole avec la *Thecla Rubi*.

Chenille verte, à stigmatale blanche; vit en août et septembre, sur les plantes basses.

7

## Genre EPIONE, Dup.

*Les chenilles sont ramiformes, à petites pointes charnues et vivent sur les arbres. Les papillons ont les antennes pectinées, souvent chez les deux sexes, les secondes ailes ont une échancrure dans leur milieu, et le dessous est au moins aussi foncé que le dessus.*

### 127. **Apiciaria**, W.v.

Petits bois frais. — Très-rare, surtout en bon état. Châteaudun.

Chenille à 5e anneau relevé et garni de six tubercules; vit en août et septembre, sur le saule et le tremble.

### 128. **Advenaria**, Hb.

Parties ombragées des bois d'une certaine étendue, en mai et juin. — Beaucoup plus commune que la précédente et plus facile à rencontrer fraîche.

Chenille grise, à tache sur le 6e anneau, à petites pointes charnues du 5e au 9e; vit sur le *Vaccinium mirtyllus*, en juillet.

NOTA. Je crois que la 3e espèce européenne (*Vespertaria*, L.) doit se trouver dans le département; mais je ne l'ai rencontrée que hors de ses limites. Elle habite les bois secs et les régions calcaires.

## Genre ANGERONA, Dup.

*Les chenilles ressemblent à de longues brindilles de bois et ont la tête très-aplatie. Les papillons ont les antennes pectinées, les ailes larges, striées, sans lignes bien sensibles, les inférieures échancrées. Ils volent au crépuscule dans les allées des bois.*

### 129. **Prunaria**, Lin.

Assez commune dans les bois, les parcs. Chartres, Châteaudun, etc., en juin. C'est une de nos belles phalènes.

Chenille grise, à bourrelet sur le 4e anneau et le 8e portant quatre pointes; vit en avril et mai, sur le prunier, le chêne, etc.

*Var.* Sordidata. — Beaucoup plus rare que le type dans le département. Saint-Brice, près Chartres.

Cette phalène est souvent atteinte d'une sorte d'albinisme partiel consistant en des taches pâles qui maculent irrégulièrement les ailes, tantôt d'un seul côté, tantôt des deux et qui se produisent même chez les individus qu'on élève de chenille. Cet état morbide de l'aile n'est point, au reste, particulier à cette espèce, mais j'ai remarqué qu'elle y est plus sujette que toute autre.

## Genre EURYMENE, Dup.

*Les chenilles sont ramiformes, avec le 3e anneau renflé et la tête carrée : elles vivent sur les arbres et n'ont qu'une génération. Les papillons ont les ailes oblongues, échancrées à l'angle interne, les tibias postérieurs non renflés et les tarses sans épines.*

## 130. **Dolabraria**, Lin.

Bois frais, chemins ombragés et bordés de *trognes*, dans le Perche, en mai et juin. — Répandue partout. Abondante nulle part.

Chenille brune, à caroncule arrondie sur le 8e anneau; vit sur plusieurs arbres, mais surtout sur le chêne, en septembre et octobre.

## Genre PERICALLIA, Stph.

*Les chenilles sont épaisses, pubescentes, avec deux longs filaments sur le 7e anneau et se tiennent pliées en deux. Les chrysalides sont renflées et renfermées dans un réseau suspendu aux branches. Les papillons ont les antennes pectinées chez les deux sexes, la trompe rudimentaire, les pattes courtes et les ailes échancrées.*

**131. Syringaria**, Lin.

Bois et jardins, au crépuscule, en mai, puis en août. — Pas très-commune.

Chenille brune, à manteau ferrugineux; vivant en avril et septembre, sur les jasminées.

## Genre SELENIA, Hb.

*Les chenilles sont renflées postérieurement, avec les trois premières paires de pattes portées sur des mamelons très-saillants, et ont les trapézoïdaux caronculés. Les chrysalides sont enterrées. Les papillons ont les antennes pectinées chez les mâles, filiformes chez les femelles, la trompe courte et grêle, le thorax velu, l'abdomen des femelles très-gros, les ailes oblongues et fortement découpées, etc. — La race de printemps et celle d'été diffèrent souvent beaucoup.*

**132. Illunaria**, Hb.

Haies, bois, jardins, en avril et mai, puis septembre et octobre. — La plus commune du genre.

Chenille ferrugineuse, à 7e et 8e anneaux renflés et portant quatre pointes coniques; vit en août, sur les pruniers, prunelliers, etc. Éducation facile.

*Var.* JULIARIA, Haw. — Mêmes localités, mais beaucoup plus rare.

**133. Lunaria**, W.v.

Mêmes localités et époques. — Mais moins commune.

Chenille grise, à 4e, 5e, 8e et 11e anneaux portant des caroncules; vit en septembre, sur l'orme, le chêne, le prunellier, etc. Facile à élever.

**134. Illustraria**, Hb.

Mêmes localités et époques. — La plus rare des trois.

Chenille caronculée sur les 4e, 5e, 8e, 9e et 11e anneaux: vit en août et septembre, sur les mêmes arbres.

*Var.* A., Gn. *Species*, p. 155. — Châteaudun, en juillet. Cette jolie variété est si tranchée, que, si elle n'avait pas été élevée de la même chenille, on aurait peine à se persuader qu'elle appartient à la même espèce.

### Genre ODONTOPERA, Stph.

*Les chenilles ont quatorze pattes, elles sont très-allongées et vivent sur les arbres. Les papillons ont le thorax velu, l'abdomen long, les tarses un peu épineux, les ailes (de notre espèce européenne) sont fortement laciniées.*

### 135. **Bidentata**, Lin.

Bois fourrés, parcs, etc. — Rare dans le département. Mai et juin.

Chenille grise ou verdâtre, à losanges plus foncées; vit en septembre et octobre, sur le chêne, le bouleau, etc. Impossible à confondre, à cause de ses pattes.

### Genre CROCALLIS, Treits.

*Les chenilles sont robustes, subconiques, luisantes, à tête aplatie. Les papillons ont les antennes pectinées, la trompe presque nulle, le corps robuste, les cuisses velues, les ailes épaisses : les supérieures avec un dessin en trapèze.*

### 136. **Elinguaria**, Lin.

Bois, jardins, haies, etc., en juillet et août. — Assez commune.

Chenille grise et brune, avec une arête saillante sur le 4e anneau, et une autre en fer à cheval sur le 11e; vivant en mars et avril, sur les prunelliers.

### Genre ENNOMOS, Treits.

*Les chenilles sont longues, ramiformes et garnies de bourgeons sur le dos et les côtés. Les chrysalides sont placées dans des réseaux entre les feuilles. Les papillons ont les antennes*

*très-pectinées, les palpes saillants en bec, le corps robuste et velu, les ailes dentées et anguleuses.*

### 137. **Alniaria,** Lin.

Bois et forêts, en août. — Rare partout. Châteaudun. La plus grande du genre et même de la famille.

Chenille brune, à arêtes dorsales sur les 6e et 9e anneaux, et tubercules latéraux sur le 7e; vit en juin et juillet, sur plusieurs arbres. Chrysalide d'un gris verdâtre.

### 138. **Erosaria,** W.v.

Bois et parcs, en juillet. — Le type assez rare chez nous. Deux ou trois fois à Châteaudun.

Chenille gris-rougeâtre ou verdâtre, avec les 2e, 6e, 7e, 9e et 11e anneaux caronculés; vit en juin, sur le chêne et le bouleau.

*Var.* Quercinaria, Bork. — Plus commune que le type. Mêmes localités.

### 139. **Angularia,** W.v.

Bois, parcs, jardins, haies, en juillet et août. — La plus commune du genre. Varie extrêmement.

Chenille mince, avec de très-petites caroncules sur les 5e, 6e, 8e et 11e anneaux; vit en juin. sur le chêne, l'érable, le charme et d'autres arbres.

### Genre HIMERA, Dup.

*Les chenilles sont luisantes, sans éminences, à tête globuleuse. Les chrysalides sont enterrées. Les papillons ont les antennes plumeuses jusqu'au sommet, les palpes très-courts, le corps velu, les ailes minces, peu dentées. la nervulation différente chez les deux sexes.*

### 140 **Pennaria,** Lin.

Tous les bois, en octobre et novembre. — Commune.

Chenille grise, à deux pointes rouges sur le 11e anneau, et à ventre bleuâtre; vit en avril et mai, sur le chêne.

### Fam. **AMPHIDASYDÆ,** Gn.

Les chenilles sont longues, raides, lisses, ramiformes et vivent sur les arbres. Les papillons ont l'aspect des Bombyx, point de trompe, les pattes courtes, le corps gros et velu, etc. Ils paraissent au printemps.

### Genre PHIGALIA, Dup.

*Les chenilles sont hérissées de petites pyramides pilifères. Les papillons ont les antennes plumeuses, les palpes et la trompe rudimentaires, les cuisses velues. La femelle est complètement aptère.*

### 141. **Pilosaria,** W.v.

Tronc des arbres, palissades des jardins, etc., en mars.

Chenille brune, à tubercules subépineux sur les 4e, 5e, 6e et 11e anneaux; vivant en mai et juin, sur le chêne, l'orme et les arbres fruitiers [1]. Très-délicate à élever.

NOTA. Je n'ai trouvé dans le département aucune espèce du genre *Nyssia* qui suit immédiatement celui-ci; néanmoins on peut espérer y rencontrer les *Nyssia Pomonaria* et *Hispidaria*.

### Genre BISTON, Leach.

*Les chenilles n'ont pas de bourgeons; elles sont cylindriques et à lignes longitudinales. Les papillons sont très-velus dans toutes leurs parties et ressemblent à des Bombyx : leurs antennes sont plumeuses, leurs palpes et leur trompe complètement étiolés, leur thorax laineux, leurs ailes pulvérulentes et semi-diaphanes, etc. Les femelles sont ailées comme les mâles.*

[1] Elle se trouve sur les arbres fruitiers avec celle de l'*Hibernia defoliaria* et occasionne les mêmes dégâts que cette dernière, à laquelle je renvoie.

142. **Hirtaria,** Lin.

Assez commune sur le tronc des ormes et des peupliers, en mars et avril.

Chenille grise, avec les sous-dorsales jaunes et le ventre rayé; vivant en juin, sur une foule d'arbres et arbustes, mais jamais très-abondante et assez délicate.

### Genre AMPHIDASYS, Treits.

*Les chenilles sont très-longues, à tête échancrée et aplatie et vivent sur les arbres. Les papillons ont la tige des antennes entrecoupée de blanc, les palpes et la trompe visibles, le thorax large et robuste, l'abdomen court, les ailes opaques, épaisses, pointillées, triangulaires.*

143. **Prodromaria,** W.v. (*La Printanière*, Geoff.)

Sur le tronc des arbres qui bordent les chemins et avenues, en février et mars. Chartres, route de Luisant. — Toujours rare.

Chenille brune, garnie de filaments latéraux entre les dernières pattes; vit sur le peuplier et le tremble, en août. — Rare, mais facile à réussir.

144. **Betularia,** Lin.

Jardins, avenues, haies, bords des routes, etc., en avril et mai. — Commune.

Chenille longue, avec deux boutons sur le 8e anneau et un sous le ventre des 5e, 6e et 7e; vivant en août et septembre, sur tous les arbres. Aussi facile à élever qu'à trouver.

### Fam. **BOARMIDÆ,** Gn.

Les chenilles sont moins ramiformes, sans ou presque sans éminences. Les papillons ont le corps grêle, l'abdomen long, les ailes concolores, larges, non anguleuses, mais souvent dentées.

surtout les inférieures : la nervule indépendante faible, placée au milieu de la disco-cellulaire aux supérieures, nulle aux inférieures.

Famille nombreuse, surtout en exotiques, et dans laquelle se montrent les plus grandes géomètres. L'*Amblychia angeronaria* et l'*Hemerophila creataria* mesurent presque un décimètre.

## Genre CLEORA, Curtis.

*Les chenilles vivent toutes de lichens et se confondent avec eux par leurs couleurs mêlées, leurs anneaux rugueux et garnis de tubercules coniques. Les papillons ont les palpes très-grêles, la trompe courte, les ailes épaisses, à lignes très-distinctes et à tache cellulaire très-visible en-dessous, etc.*

### 145. **Viduaria,** W.v.

Bois de Bailleau, en juin. — Toujours rare.

Chenille mal connue; vivant sur les lichens des pins, des chênes, des charmes, etc.

### 146. **Lichenaria,** W.v.

Vergers, jardins, bois, sur les troncs ou volant au crépuscule, en mai et juillet. — Commune.

Chenille d'un vert mêlé de gris, de blanc et de noir; vivant sur les lichens des ormes, des pommiers, des peupliers, etc., en mai et septembre. Facile à élever.

## Genre BOARMIA, Treits.

*Les chenilles sont ramiformes, allongées, caronculées sur les côtés, à tête large. Les papillons ont les antennes ciliées et marbrées, la trompe distincte, le corps grêle, les tibias postérieurs renflés, les ailes larges, grises, nébuleuses et à dessins communs.*

Genre nombreux, surtout en espèces exotiques.

**147. Ilicaria,** Hb.

Bois. — Rare. Élevée cinq ou six fois à Châteaudun. Juillet et août.

Chenille grise, à trapézoïdaux caronculés, le 5e anneau avec deux éminences latérales; vit en mai et juin, sur le chêne.

**148. Repandaria,** Lin.

Assez commune dans les bois et les plantations, en juin et juillet.

Chenille grise, sans aucun tubercule, à dos ponctué; vit en avril, sur les plantes basses. S'élève facilement.

*Var.* CONVERSARIA, Hb. — Mêmes localités, mais plus rare.

*Var.* DESTRIGARIA, Stph. — Deux fois seulement, à Châteaudun.

*Var.* MURARIA, Curt. — Prise une fois à Châteaudun.

**149. Rhomboidaria,** W.v.

Commune dans les bois, les jardins, les prés, en juin et juillet.

Chenille grise, à 5e anneau muni de deux tubercules ventraux, vivant en septembre et octobre, sur le chêne, le prunier et autres arbres. J'en ai pris mangeant même de l'if.

**150. Cinctaria,** W.v.

Assez rare, bord des bois, prairies, jardins frais, en avril, puis en juillet et août.

Chenille vert-clair, à lignes longitudinales, sans éminences; vivant en juin, sur les *Lotus, Genista*, etc., dans les allées des bois. Difficile à élever.

**151. Roboraria,** W.v.

Bois. — Très-rare. Une seule fois, à Châteaudun, en juillet.

Belle et grande géomètre, qui devient de plus en plus rare.

Chenille brune, plus claire sur les côtés, à premiers anneaux renflés, avec un tubercule double sur le 5e et deux bourgeons latéraux sur le 6e; vivant en août et septembre, sur le chêne.

## 152. Consortaria, Fab.

Bois de chêne, en juin. — Elle était autrefois commune à Châteaudun, mais on ne l'y rencontre plus que de loin en loin.

Chenille longue, grise, avec deux caroncules sur le dos du 5e anneau et deux épines courtes sur le 11e; vit en août et septembre, sur le chêne. Facile à nourrir.

### Genre TEPHROSIA, Bdv.

*Les chenilles n'ont pas d'éminences et portent des lignes distinctes. Les papillons ont les antennes simples, le corps grêle, les ailes dentées, à dessins confus, l'abdomen marqué de deux rangs de points dorsaux et muni d'un oviducte chez la femelle.*

Genre presque aussi nombreux que le précédent, auquel il ressemble beaucoup.

## 153. Consonaria, Hb.

Bois. — Une seule fois à Châteaudun, en mai.

Chenille allongée, jaunâtre, à lignes fines; vit en août et septembre, sur le bouleau.

## 154. Crepuscularia, W.v.

Commune sur le tronc des arbres, en avril et mai, puis en juillet. Varie extrêmement suivant les contrées; mais, chez nous, on ne trouve guère que le type.

Chenille à premier anneau renflé, d'un jaune testacé, avec deux sous-dorsales et le dos des 7e et 8e anneaux noirâtres; vit en mai et juin, puis en septembre, sur le peuplier, le saule, le prunier, etc.

### 155. **Extersaria**, Hb.

Forêts, bois d'une certaine étendue. — Rare chez nous. Juin.

Chenille peu connue; vivant sur le bouleau et l'aulne.

### 156. **Punctulata**, W.v.

Très-commune sur le tronc des bouleaux et sapins, en avril et mai.

Chenille sans aucune excroissance, d'un brun rougeâtre, finement rayée; vivant en juin, sur le bouleau.


Genre GNOPHOS, Treits.


*Les chenilles sont ramassées, munies de pointes trapézoïdales variables, mais dont deux constantes sur le 11e anneau; elles vivent de plantes basses et même de lichens. Les papillons ont la trompe distincte, les tibias postérieurs très-renflés, les ailes fortement dentées, grises, ayant le plus souvent un petit o central; ils s'appliquent pendant le jour le long des murs et des rochers.*

Genre fort nombreux, mais presque exclusivement propre aux pays de montagnes.

### 157 **Mucidaria**, Hb.

Pas très-rare autour de Chartres et de Châteaudun, sur les murs couverts de lichens, en avril, puis en juillet.

Chenille grise, rugueuse, avec quatre pyramides du 5e au 8e anneau; vit en mars, sur les lichens des murs et des pierres.

### 158. **Obscurata**, W.v.

Assez commune autour de Châteaudun, dans les bois secs et pierreux, en juillet.

Chenille courte, grise, à trapézoïdaux verruqueux et chevrons dorsaux; vit en avril, sur les graminées, et se cache sous les pierres pendant le jour.

## Genre MNIOPHILA, Bdv.

*Les chenilles sont très-courtes, rugueuses, aplaties en des-sous; elles mangent les lichens des pierres sur lesquelles elles se tiennent immobiles. Les papillons ont les palpes et la trompe courts et faibles, les pattes courtes, à une seule paire d'éperons, les ailes sans aréole.*

**159. Cineraria,** W.v.

Commune, sur les murs des promenades et des rues dé-sertes, en juillet.

Chenille grise, à losanges plus claires et ventre bleuâtre; vivant en mai et juin, sur les lichens des murs. — Très-commune sur les murs, à Chartres et à Châteaudun.

## Fam. GEOMETRIDÆ, Gn.

Les chenilles sont raides, souvent rugueuses, plissées, à tête bifide, avec deux pointes au cou et deux à l'anus. Les chry-salides sont renfermées dans les feuilles. Les papillons ont les palpes grêles, les pattes glabres, les ailes presque toujours vertes, délicates, à indépendante très-prononcée.

Famille assez nombreuse en espèces exotiques, dont plusieurs sont extrêmement remarquables par l'élégance de leur dessin, la vivacité de leurs couleurs et parfois l'étrangeté de leurs formes.

## Genre PSEUDOTERPNA, Hb.

*Les chenilles sont droites, rigides, granuleuses, à tête fendue en deux pointes aiguës. Les papillons ont la trompe robuste, l'abdomen crêté, les ailes épaisses et pulvérulentes.*

**160. Cytisaria,** W.v.

Bois et champs plantés de genêts, en juillet.

Chenille verte, granulée de blanc et à stigmatale blanche; vit en mai et juin, sur les genêts. Cette bizarre chenille est d'une rigidité toute particulière et se laisse rouler comme un petit cylindre de pierre.

## Genre GEOMETRA, Lin.

*Les chenilles sont courtes, granulées et munies de caroncules rugueuses. Les papillons ont les antennes pectinées, la trompe grêle, les ailes larges, dentées et non anguleuses.*

### 161. **Papilionaria,** Lin.

Bois humides, prés plantés d'aulnes, vallées de l'Eure et du Loir. — Mais toujours rare; juillet.

Chenille verte et rougeâtre, raboteuse et munie d'éminences dorsales, dont deux plus longues sur le 6e anneau; vit en mai, sur l'aulne et le coudrier.

## Genre NEMORIA, Hb.

*Les chenilles sont longues et filiformes, à cou et tête bifides. Les papillons n'ont qu'une paire d'éperons aux tibias postérieurs et ont les ailes assez épaisses; ils volent le jour parmi les herbes.*

### 162. **Viridata,** Lin.

Clairières des bois herbus, prés humides, collines incultes, en mai et juin, puis août. — Très-peu répandue. Béville-le-Comte, Le Mée, etc.

Chenille verte, à losanges dorsales rouges et stigmatale jaune; vivant en mai et octobre, sur les fleurs de l'*Ononis spinosa.*

## Genre JODIS, Hb.

*Les chenilles sont longues et minces, raides, droites, à tête bifide. Les papillons sont très-délicats, soyeux, à ailes un peu transparentes : leurs tibias ont deux paires d'éperons. Ils volent le soir dans les bois, entre les arbres.*

### 163. **Vernaria**, Lin.

Bois humides, haies fourrées, sur le bord des rivières, bord des prés, en juin, puis en août. — Rare.

Chenille courte, raide, d'un vert-clair à raies blanches; vivant sur les clématites, en mai et juin.

### 164. **Lactearia**, Lin.

Très-commune au crépuscule, dans tous les bois frais, en mai.

Chenille très-longue, filiforme, verte, avec des taches dorsales rouges; vit en août et septembre, sur le bouleau. Facile à élever.

### Genre PHORODESMA, Bdv.

*Les chenilles, courtes et épaisses, vivent dans une espèce de fourreau composé de débris de plantes et qu'elles traînent avec elles. Les papillons ont les antennes pectinées, à sommet fili-forme, les tibias squammeux, les ailes sans angles, vertes, marquées de taches ferrugineuses.*

### 165. **Bajularia**, W.v.

Bois de chênes, en juin et juillet. — Mais toujours assez rare.

Chenille brune, à tête rougeâtre, renfermée dans un fourreau de débris clair et oblong; vit sur le chêne, en mai.

### Genre HEMITHEA, Dup.

*Les chenilles sont longues, rugueuses, raides, à quatre pointes antérieures et vivent sur les arbres. Les papillons n'ont qu'une paire d'éperons, les ailes anguleuses, à frange entrecoupée, la cellule courte aux inférieures.*

**166. Buplevraria,** W.v.

Bois secs, terrains calcaires. — Béville, Châteaudun, en juillet. Rare.

Chenille verte, à losanges dorsales rouges; vivant en juin, sur l'*Euphorbia cyparissias*, au pied de laquelle elle se tient immobile des journées entières. Rare, mais facile à élever.

**167. Thymiaria,** Lin.

Bois frais, haies, en juin. — Commune partout; passe très-promptement au vert sale et grisâtre.

Chenille verte, avec les incisions rouges marquées de deux taches dorsales claires; vit en avril et mai, sur l'aubépine.

### Fam. EPHYRIDÆ, Gn.

Les chenilles sont longues, cylindriques, sans éminences, ne filent point de coque et suspendent leurs chrysalides en plein air en les attachant par un lien transversal, comme les Diurnes. Les papillons ont les antennes pectinées jusqu'à moitié, les palpes bien développés, l'abdomen déprimé et aigu à l'extrémité, les ailes aiguës au sommet, marquées de séries de points et d'une tache centrale le plus souvent ocellée.

### Genre EPHYRA.

Voir les caractères de la famille. Élégantes et délicates phalènes qui paraissent deux fois et surtout au printemps, s'appliquent sous les feuilles les ailes étendues et se laissent tomber dans l'herbe au moindre choc.

**168. Poraria,** Fab.

Commune dans les bois de chênes et de bouleaux de tout le département, en mai puis en août.

Chenille verte ou carnée, veloutée; vivant sur le chêne et le bouleau, en juillet et septembre.

169. **Punctaria,** Lin.

Très-commune dans tous les bois, en mai et août.

Chenille veloutée, verte ou carnée, avec des taches jaunes et rouges dans toutes les incisions; vivant sur le chêne, en juillet et septembre.

170. **Omicronaria,** W.v.

Commune dans les bois mêlés d'érables de tout le département, en mai et août. — Plus abondante dans le Perche que dans la Beauce.

Chenille d'un joli vert velouté, à vasculaire jaune; vivant sur l'érable, en juillet et septembre.

171. **Orbicularia,** Hb.

Espèce fort rare, mais que j'ai élevée abondamment une année dans les prés de Gourdez, près Chartres. — Mai.

Chenille verte, à vasculaire et sous-dorsale jaunes, et stigmatale saupoudrée de rouge: vivant en septembre, sur l'aulne et le marceau.

172. **Pendularia,** Lin.

Commune en avril et juillet, mais seulement dans les bois de bouleaux.

Chenille verte, fauve ou brune, a cinq lignes fines jaunes; vit en mai, juin et septembre, sur le bouleau.

### Fam. **ACIDALIDÆ,** Gn.

Les chenilles n'ont pas d'éminences et vivent sur les plantes basses. Les papillons sont généralement de petite taille et de couleurs peu brillantes et peu variées, à palpes peu développés, à antennes courtes et rarement pectinées, à trompe distincte, à pattes mutiques, à ailes peu épaisses, ayant l'indépendante bien distincte.

Immense famille qui s'augmente tous les jours. Les espèces exotiques sont pour ainsi dire illimitées. Les nôtres laissent encore espérer des découvertes. Les premiers états d'une foule des espèces les plus communes sont encore à trouver, car les chenilles vivent généralement bien cachées.

Genre HYRIA, Stph.

*Les chenilles sont longues, raides, carénées, à tête fendue et avec deux pyramides sur le cou. Les papillons ont les palpes extrêmement courts, la trompe et les pattes grêles, les ailes entières, luisantes, à longues franges.*

### 173. **Auroraria**, W.v.

Bois herbus, en juin et juillet. — Rare.

Espèce dont les couleurs vives contrastent avec l'insignifiance des autres Acidalides.

Chenille grise, à losanges dorsales et ventre noirâtres; vit en mai, sur les plantes basses, et mange même des feuilles sèches.

Genre ASTHENA, Hb.

*Les chenilles sont courtes, fusiformes, à tête très-petite. Les papillons ont les ailes très-délicates, soyeuses, un peu transparentes, à lignes nombreuses et irrégulières : ils n'habitent que les bois.*

### 174. **Luteata**, W.v.

Bois frais, parcs ombragés, bords des prairies. Château-dun. — Rare, juin.

Chenille inconnue.

### 175. **Candidata**, W.v.

Très-commune dans tous les lieux plantés de charmes, surtout les parcs, en mai, puis juillet et août.

Chenille verte, à dessins rouges et tête pâle; vit en avril et juillet, sur le charme, dans les feuilles duquel elle pratique des entailles çà et là.

### Genre EUPISTERIA, Bdv.

*Les chenilles sont cylindriques, courtes, à tête globuleuse et vivent sur les arbres. Les papillons ont les antennes simples, les ailes à dessins brouillés; ils relèvent leurs ailes perpendiculairement, au repos.*

### 176. **Heparata,** W.v.

Aulnaies, bois frais, bord des rivières, prairies, en mai et juillet. — Pas rare autour de Chartres et de Châteaudun.

Chenille verte, à lignes d'un jaune citron; vivant en septembre, sur l'aulne. — Assez commune, mais assez délicate. Fontaine-Bouillant, Gourdez, etc.

### Genre ACIDALIA, Treits.

*Les chenilles sont grêles, carénées, raides, plus épaisses postérieurement, et vivent cachées, sur les plantes basses. Les papillons ont les palpes courts, le corps grêle, les ailes minces, pâles, à lignes communes; ils habitent les bois, les prés, les jardins, etc., et ne volent que quand ils sont troublés.*

Genre très-considérable en Europe, et qui s'augmente beaucoup encore. Les espèces exotiques, très-nombreuses aussi, en diminuent la monotonie. Je l'ai divisé, dans mon *Species*, en 23 groupes. Il en faudrait quelques-uns de plus aujourd'hui.

### 177. **Ochrata,** Scop.

Très-abondante dans les luzernes et les prairies, en juin et juillet. Facile à reconnaître à ses dessins plus marqués en-dessous.

Chenille de moyenne longueur, presque cylindrique, d'un jaune clair, à ventre bleuâtre; vit en mai, sur les plantes basses.

### 178. **Sylvestraria**, Dup.

Très-commune dans les prés, les clairières des bois, etc., en juin et juillet.

Chenille inconnue.

### 179. **Rubricata**, W.v.

Elle n'est pas rare dans les luzernes, en juillet, mais elle est souvent passée.

Chenille inconnue. Je l'ai élevée, mais sans en garder la description.

### 180. **Scutulata**, W.v.

Prés, bords des chemins, jardins, en juillet. — Se trouve çà et là sans être jamais commune. Châteaudun.

Chenille grise, à chevrons dorsaux et lignes longitudinales sur les anneaux extrêmes; vit en mai et juin, sur les plantes basses.

### 181. **Bisetata**, Bork.

Bois, parcs, charmilles, en juin. — Jamais rare, parfois très-abondante. Elle varie passablement, surtout pour la bande terminale qui est parfois nulle, d'autres fois, au contraire, large et bien tranchée.

Chenille longue, coupée de brun et de fauve; vivant en avril, sur le pissenlit.

### 182. **Reversata**, Tr.

Mêmes lieux que la précédente et aussi abondante.

Chenille inconnue.

### 183. **Rusticata**, W.v.

Lieux herbus, collines chaudes, en juin et juillet. — Commune près de Châteaudun, sur les pentes de la Boissière.

Chenille courte, brune, à sous-dorsales foncées; vit en août, sur les plantes basses.

**184. Osseata,** W.v.

Très-commune dans tous les bois herbus, en juin et juillet.

Chenille courte, épaisse, jaunâtre, à vasculaire géminée; vivant sur les plantes basses, en avril et mai.

**185. Interjectaria,** Bdv.

Commune sur les pentes pierreuses voisines de Château-dun, en juin.

Chenille courte, rugueuse, d'un verdâtre obscur, à tête brune; vit en avril, sur les plantes basses, et mange volontiers l'*Anagallis arvensis*.

**186. Incanaria,** Hb.

Jardins, cours, murailles, intérieur des habitations, en juin et septembre. — Très-commune.

Chenille assez courte, effilée en avant, carénée, d'un gris brun ou argileux, avec des losanges dorsales; vit, presque polyphage, au printemps et en automne. S'élève très-facilement.

**187. Promutata,** Gn. — Immutata, W.v. (non Lin.).

Se trouve un peu partout, sans être jamais commune. Jardins, petits bois, etc., en juillet et août.

Chenille effilée, grise ou verdâtre, à traits dorsaux et tête noirs; vit en mai et juin, sur les plantes basses.

**188. Decorata,** W.v.

Je l'ai trouvée une seule fois sur les pentes pierreuses du Mée, à la limite même du département. C'est une espèce méridionale.

Chenille inconnue.

**189. Ornata,** Scop.

Commune dans les bois herbus, les prés chauds, en mai, août et septembre. Tout le département.

Cette délicate espèce est une des plus jolies géomètres.

Chenille inconnue.

190. **Subsericeata**, Haw.

Prés, aux environs de Châteaudun, en juin; mais rare et ne donnant que certaines années.

Chenille longue, filiforme, rougeâtre, à stigmatale claire et sinuée; vivant sur le pissenlit, en mars et avril.

191. **Immutata**, Lin.

Prés marécageux. Roinville-sous-Auneau, bords de la Conie. — Abondante. Juin et juillet.

Chenille allongée, cylindrique, d'un jaune d'argile, à vasculaire et points dorsaux bruns; vit sur les plantes basses, en automne et au premier printemps. On l'élève bien avec les chicoracées.

192. **Remutata**, Hb.

Commune dans les bois et lieux herbus, en juin. Vole surtout le soir.

Chenille inconnue.

193. **Strigilata**, W.v. — Pratania, Bdv.

Répandue un peu partout, mais jamais commune. Jardins, clairières des bois, en juin et juillet.

Chenille longue, filiforme, grise, à très-petits points noirs; vit en automne, sur plusieurs plantes basses et surtout sur les *Vicia*, avec lesquelles on l'élève facilement *ab ovo*.

194. **Imitaria**, Hb.

Bois herbus, collines chaudes, en juin et juillet. Châteaudun. — Pas très-rare dans certaines années.

Chenille très-longue, filiforme, testacée, semblable à une *Pellonia*; vivant en automne et au premier printemps.

195. **Aversata**, Lin.

Commune dans tous les bois, parcs, jardins, en juin, juillet et août.

*Var.* Lividata, Lin. — A bande médiane noirâtre. Moins commune que le type.

Chenille aplatie, renflée postérieurement, grise ou brune, à partie postérieure claire; vit en avril et mai, sur une foule de plantes basses. Très-facile à nourrir et se contentant parfois même de plantes desséchées.

**196. Agrostemmata, Gn.**

La Varenne, près Châteaudun, juillet et août. — Rare et se fane rapidement. Il faut l'élever de chenille.

Chenille grise, vivant dans les capsules de l'*Agrostemma* (*Lychnis*) *dioica*, en mai et juin.

**197. Degeneraria, Hb.**

Pentes herbues des environs de Châteaudun. Chartres (M^me Ollagnier), juin et juillet. — Assez rare.

Chenille inconnue.

**198. Emarginata, Lin.**

Assez commune dans les bois secs et chauds. Châteaudun, juillet et août. Se fane facilement.

Chenille effilée, d'un jaune d'ocre, à ligne dorsale brune; vit en juillet, sur les *Convolvulus* et les *Galium* (Treits.).

Genre TIMANDRA, Dup.

*Les chenilles sont carénées latéralement, à 4^e anneau très-renflé, et vivent cachées, sur les plantes basses. Les papillons ont les ailes très-anguleuses, les antennes très-pectinées, à sommet filiforme; ils volent dans les prés et les bois herbus.*

**199. Amataria, Lin.**

Assez commune dans les prés, en mai et août. Souvent fanée.

Chenille brune, à taches dorsales noires, liserées de chevrons blancs; vivant en juin et septembre, sur les *Rumex*. Chrysalide à tête très-aiguë.

## Genre PELLONIA, Dup.

*Les chenilles sont extrêmement longues et minces, et se roulent en anneaux comme des serpents. Les papillons ont les lames des antennes à cils fins et frisés, les pattes non renflées, à trois éperons: ils volent le jour parmi les herbes dans les lieux pierreux.*

### 200. **Vibicaria**, Lin.

Lieux rocailleux exposés au midi. Chartres, Châteaudun, en juillet. — Jamais bien commune. — Sa congénère *Calabraria* est au contraire très-commune dans les montagnes du midi de la France.

Chenille filiforme, d'un gris blanc, à lignes très-fines et à incisions claires; vivant sur les graminées, en mai.

### Fam. **CABERIDÆ**, Gn.

Les chenilles sont pédonculiformes, sans éminences, à tête arrondie et vivent sur les arbres. Les papillons ont la trompe bien distincte, deux paires d'éperons, les ailes entières et arrondies, étendues au repos, presque toujours blanches.

Cette petite famille, qui tient à la fois des Acidalides et des Fidonides, est jusqu'ici peu nombreuse et ne contient que sept genres, dont cinq européens et habitant tous le département.

## Genre STEGANIA, Gn.

*Les chenilles sont allongées, cylindriques, nullement renflées et vivent sur les arbres. Les papillons ont le fond jaune ou rougeâtre avec les deux lignes non parallèles; ils n'habitent que les lieux frais et se reposent sur le tronc des arbres.*

201. **Permutaria,** Hb. — *Var.* COMMUTARIA, Hb.

Bords des prés, oseraies, en mai, puis août. — Rare.
Châteaudun, Thoreau, La Boissière.

Chenille verte, à vasculaire vineuse, continue; vivant en
mai et juin, sur les peupliers.

### Genre THAMNONOMA, Led.

*Les chenilles sont longues, unies, à tête assez grosse. Les pa-*
*pillons ont les antennes pectinées, aiguës, les pattes tigrées, à*
*tibias renflés, les ailes larges, à deux lignes distinctes; ils habi-*
*tent les bois et volent souvent le jour.*

202. **Contaminaria,** Hb.

N'est pas rare, en juin, dans les allées ombragées des
bois, près de Châteaudun, les Coudreaux, Lanneray, etc.

Chenille d'un vert-jaune, à taches roses dorsales, sans
stigmatale; vivant en septembre et octobre, sur le chêne.

### Genre CABERA, Treits.

*Les chenilles sont longues, unies, raides, à tête globuleuse.*
*Les papillons ont les antennes ciliées, à sommet filiforme, les*
*ailes arrondies, à lignes parallèles; les inférieures avec un*
*petit espace nu et fripé près de la base.*

Les espèces exotiques sont extrêmement voisines des nôtres.

203. **Pusaria,** Lin.

Commune dans tous les bois frais, les parcs, etc., en
mai, juillet et août.

Chenille verte, avec un point rose dans chaque incision,
et la sous-dorsale jaune; vit en août, sur le bouleau.

204. **Exanthemaria,** Scop.

Aussi commune que la précédente, dans les bois herbus, et aux mêmes époques.

Chenille vert pâle, à lignes foncées et deux points blancs dans les incisions; vit en août, septembre et octobre, sur l'aune, le saule et surtout le marceau.

Genre CORYCIA, Dup.

*Les papillons ont les antennes simples, les palpes et la trompe très-courtes, les ailes blanches, satinées, à dessins rares. Ils ont les mœurs des Cabera.*

Les exotiques, peu nombreux, se rapprochent des nôtres.

205. **Temerata,** W.v.

Bois frais et aulnaies, en mai et premiers jours de juin, puis fin juillet. — Çà et là quelques individus, toujours assez frais, ce qui indique qu'ils volent peu.

Chenille inconnue.

206. **Taminata,** W.v.

Mêmes localités; mais je n'ai jamais pris la seconde génération. Encore plus rare chez nous que la précédente.

Chenille inconnue.

Genre ALEUCIS, Gn.

*Les chenilles sont cylindriques, veloutées, baculiformes, paresseuses, à tête arrondie et pattes courtes. Les papillons ont les antennes simples, les palpes larges, le thorax étroit, les premières ailes sombres, à frange plus courte, les secondes à dessins mieux marqués en dessous.*

Le genre ne contient qu'une seule espèce.

207. **Pictaria,** Curt.

Vole, autour de Châteaudun, sur les prunelliers en fleurs,
en avril. Elle a été trouvée aussi près de Chartres.

Chenille cendrée ou d'un vert sale avec quelques traits
obliques; vit en mai et juin, sur le prunellier.

### Fam. **MACARIDÆ,** Gn.

Les chenilles n'ont pas d'éminences; elles vivent sur les
arbres ou arbrisseaux. Les papillons ont les antennes pubescentes, les ailes sablées d'atomes foncés : les supérieures à
sommet aigu, avec une échancrure au-dessous, les inférieures
avec un angle plus ou moins saillant au milieu du bord terminal.

Cette famille n'a que trois genres, mais extrêmement nombreux. Le département en possède deux, mais réduits à trois
espèces.

### Genre MACARIA, Curt.

*Les chenilles sont pédonculiformes, rayées de foncé, à tête
globuleuse. Les papillons ont les palpes en bec, les tibias renflés,
les ailes anguleuses.*

208. **Alternata,** W.v.

Bois ombragés, en mai et août. — Se trouve partout
sans être commune, ainsi que la suivante.

Chenille d'un vert foncé, avec six lignes plus sombres;
vivant en septembre et octobre, sur le marceau.

209. **Notata,** Lin.

Mêmes localités et époques. On la prend presque toujours
fraîche.

Chenille verte, avec des dessins cordiformes bruns;
vivant en juillet et août, sur les saules.

## Genre HALIA, Dup.

*Les chenilles ont les trapézoïdaux verruqueux et garnis de poils et vivent sur les groseilliers. Les papillons ont les antennes ciliées, les ailes veloutées, à sommet obtus.*

Ce genre ne renferme qu'une seule espèce européenne à laquelle se joignent cinq exotiques.

### 210. **Wavaria,** Lin.

Jardins et haies, en juillet. — C'est une des espèces les plus répandues et les plus anciennement connues, mais elle vole rarement en grande abondance.

Chenille verte ou rougeâtre, à stigmatale jaune et trapézoïdaux noirs; vivant en mai et juin, sur les groseilliers.

### Fam. **FIDONIDÆ.**

Les chenilles sont longues, cylindriques, sans éminences et vivent de plantes basses. Les papillons ont les antennes pectinées, souvent même plumeuses, les tibias peu ou point renflés, les ailes pulvérulentes. Ils volent généralement pendant le jour.

Une des plus nombreuses familles de géomètres, mais où les genres européens l'emportent sur les exotiques. Les papillons habitent les prairies plutôt que les bois, mais surtout les lieux secs, pentés, exposés au soleil et couverts de genêts.

## Genre TEPHRINA, Gn.

*Les chenilles sont courtes, lisses, rayées, à tête petite, et vivent sur les arbrisseaux. Les papillons ont les antennes assez courtes, peu ciliées, les palpes en bec, les ailes lisses, saupoudrées, concolores, sablées en dessous.*

### 211. **Artesiaria**, W.v.

Lieux plantés d'osiers, en juillet et août. — Rare. Jardins à Saint-Jean, près Châteaudun.

Chenille lisse, verte, à vasculaire géminée blanche et stigmatale jaune; vivant en juin, sur l'osier. — Rare, mais facile à élever.

### 212. **Murinaria**, W.v.

Lieux arides, luzernes en pente, en mai et juin, puis août. — N'est pas rare dans certaines localités, Le Mée, Béville-le-Comte, etc. Varie beaucoup et se prend souvent fanée. Vole en plein soleil.

Chenille inconnue.


### Genre APLASTA, Hb.

*Les chenilles sont courtes, lentes, garnies d'un duvet raide et court et vivent sur les Ononis. Les papillons ont les antennes simples, la trompe rudimentaire, les ailes épaisses très-sablées, complétement arrondies, presque sans dessins.*

Le genre ne contient qu'une espèce.


### 213. **Ononaria**, Fuessl.

Bois secs couverts de bugranes. — Commune à Châteaudun. En juin et août.

Chenille d'un vert glauque; vivant en avril et septembre, sur l'*Ononis spinosa*. — Abondante dans les bois, en fauchant sur les bugranes.


### Genre STRENIA, Dup.

*Les chenilles sont assez courtes, à trapézoïdaux peu saillants mais surmontés de poils; elles vivent cachées sous les plantes*

basses. Les papillons ont les antennes pubescentes, les ailes concolores, à dessins communs, à franges fortement entrecoupées.
Ils volent en plein jour et même au soleil.

### 214. **Clathrata,** Lin.

Extrêmement commune dans les luzernes de tout le département, pendant toute la belle saison. Varie beaucoup
pour la couleur et l'intensité des dessins.

Chenille d'un vert pâle, finement rayée de blanc, à stigmatale blanche; vit presque toute l'année, sur les luzernes
et les sainfoins, et s'élève très-facilement.

### Genre LOZOGRAMMA, Stph.

Les chenilles sont longues, rayées longitudinalement, à tête
grosse, à trapézoïdaux pilifères. Les papillons ont les antennes
simples, mais épaisses, les tibias renflés, les ailes lisses, luisantes, à franges unicolores.

### 215. **Petraria,** Hb.

Prise une seule fois au bois Saint-Martin, près Châteaudun, en juin.

Chenille verte ou rougeâtre, très-finement rayée, à stigmatale jaune; vit en juillet et août, sur la fougère (*Pteris
aquilina*).

NOTA. Ici se placent plusieurs genres qui se trouvent en Europe et
même en France, mais non dans notre département.

### Genre FIDONIA, Treits.

Les chenilles sont longues, cylindriques, non atténuées, à
lignes distinctes et à tête globuleuse. Les papillons ont les antennes pectinées ou plumeuses, les pattes squammeuses, marbrées, les ailes saupoudrées, même en dessous.

Ce genre comprend les plus belles Fidonides, mais qui sont exclusivement propres aux contrées méridionales de l'Europe.

## 216. **Atomaria,** Lin.

Très-commune dans tous les bois, en avril et mai, puis en août. Elle varie beaucoup, surtout les femelles.

Chenille longue, verte, à fines lignes blanches; vivant sur une foule de plantes basses, en juin et septembre.

Nota. Il est probable qu'on trouve dans notre département les Fid. *Concordaria* et *Conspicuata*, qui volent ordinairement dans les lieux plantés en genêts des environs de Paris, mais je ne les y ai point encore rencontrées.

### Genre MINOA, Treits.

*Les chenilles sont courtes, épaisses, fusiformes, à poils courts, et vivent sur les euphorbes. Les papillons ont les antennes simples, les tibias non renflés, les ailes minces, entières, arrondies, l'aréole double; etc.*

## 217. **Euphorbiata,** W.v.

Commune dans tous les lieux où croît l'*Euphorbia cyparissias* et aime les terrains secs. Mai, août.

Chenille verte ou grise, à taches latérales jaunes; vit en juin et octobre, sur l'euphorbe.

### Genre LYTHRIA, Hb.

*Les chenilles sont longues, raides, à tête ronde, et vivent de plantes basses. Les papillons ont les antennes plumeuses, courtes, le corps velu, les ailes courtes, mates, l'indépendante nulle.*

Jolis insectes à couleurs vives, qui volent en plein jour dans les lieux secs et chauds.

**218. Purpuraria,** Lin.

Collines sèches, luzernes pentées et chaudes, en mai et août. — Commune dans certaines localités, surtout dans la Beauce. Varie excessivement pour la taille et les couleurs.

Chenille verte ou vineuse, à ventre clair; vivant sur les *Polygonum* et les *Rumex*.

### Genre ASPILATES, Treits.

*Les chenilles sont très-longues, contournées, avec deux longues pointes anales. Les papillons ont les antennes pectinées, aiguës, le front plat, les pattes longues, les ailes soyeuses, claires, à ligne oblique noirâtre, marquée en dessus aux premières, et en dessous aux secondes. Ils volent le jour dans les lieux secs et chauds.*

**219. Strigillaria,** Hb.

Bois secs et remplis de bruyères, en mai et juillet. — Toujours assez rare dans le département, dont elle n'habite que les grands bois.

Chenille grise, à lignes noires et blanches et côtés bruns; vit en septembre et octobre, sur les genêts.

**220. Citraria,** Hb.

Commune dans les luzernes, en mai, août et septembre. Varie beaucoup pour la teinte.

Chenille ocracée à ligne ventrale noire; vivant en mars et avril, sur les crucifères et les légumineuses.

**221. Gilvaria,** W.v.

Bois secs et herbus, terrains calcaires. Béville-le-Comte, Le Mée, Thoreau, en mai, mais surtout en juillet et août. — Plus rare dans le département que la précédente. Varie beaucoup moins.

Chenille longue, d'un jaune pâle, avec deux pointes sur le 11e anneau; vit sur les plantes basses, en mai et juin. S'élève facilement.

### Fam. **ZERENIDÆ**, Gn.

Les chenilles sont épaisses, assez courtes, non atténuées, sans éminences, et vivent à découvert sur les arbrisseaux. Les papillons ont les antennes presque toujours simples, les yeux gros, le front plat, les palpes très-courts, la trompe bien développée, les pattes rases, les ailes soyeuses, molles, à fond blanc ou jaune, marqué de taches noires, etc.

Belle famille renfermant une foule d'espèces remarquables surtout en exotiques. Celles du genre *Pantherodes,* qui habite les deux Amériques, portent, sur un fond d'un beau jaune, des taches qui imitent exactement celles des panthères et des léopards, certaines *Abraxas* exotiques atteignent trois et quatre fois la taille de notre *Grossulariata.* De magnifiques espèces ont été découvertes dans l'Inde depuis la publication de mon *Species.*

### Genre ABRAXAS, Leach.

*Les chenilles sont molles, un peu moniliformes, à poils isolés, à taches noires sur un fond clair. Les papillons ont les antennes courtes, l'abdomen marqué de rangs de taches noires, les ailes sans aréole ni indépendante. Ils volent mollement le jour quand ils sont troublés et habitent les fourrés.*

### 222. **Grossulariata**, Lin. (*La Mouchetée.*)

Commune dans les jardins, sur les haies, partout, en juillet et août.

Chenille blanchâtre, à taches noires et stigmatale rouge; vivant par groupes sur les groseilliers [1].

---

[1] Faut-il ranger cette espèce parmi les ennemis de l'horticulture? elle s'attaque exclusivement aux groseilliers et surtout à ceux qui croissent dans les haies; ceux de nos jardins en sont presque toujours exempts. Il est vrai que là où elle s'abat, elle fait table rase et toutes les feuilles y passent souvent. On dit qu'elle attaque parfois les arbres fruitiers. Je ne l'y ai jamais rencontrée qu'accidentellement et quand ils avoisinent les *Ribes*.

9

La *Grossulariata* est peut-être la géomètre la plus connue. Les plus anciens auteurs l'ont figurée, et son dessin est si net qu'on la reconnaît sur les planches les plus grossières, comme celles de Moufet et de Goedart.

## Genre LIGDIA, Gn.

*Les chenilles sont courtes, cylindriques, molles, à tête petite. Les papillons ont les palpes plus courts que le front, l'abdomen sans taches, les tibias tigrés, la nervulation différente de celle des* Abraxas.

### 223. **Adustata,** Wv.

Commune dans tous les bois, les jardins, sur les haies, etc., en juin et août.

Chenille verte, à pattes et taches rouges; vivant sur le fusain, en mai.

## Genre LOMASPILIS, Hb.

*Les chenilles sont raides, rayées longitudinalement, à grosse tête. Les papillons ont l'abdomen sans taches, les palpes grêles, les ailes molles, luisantes, à larges taches un peu métalliques.*

### 224. **Marginata,** Lin.

Commune dans les jardins et les prés plantés, en juin et août.

Chenille d'un vert foncé, à lignes blanches et jaunes; vivant sur les marceaux, en juillet et octobre.

*Var.* Polletaria, Hb. — Aussi commune que le type.

## Fam. **HYBERNIDÆ,** Gn.

Les chenilles sont assez longues, point atténuées aux extrémités, et vivent sur les arbres, au printemps. Les papillons ont la tête petite, les antennes ciliées, mais faibles, les palpes et la trompe courts, les pattes grêles, les ailes entières à nervures fines, l'aréole comprimée ou nulle. Les femelles ont les ailes nulles ou avortées.

Famille peu nombreuse, mais presque entièrement européenne et fort intéressante au point de vue de l'horticulture. Les papillons n'éclosent que pendant la saison des froids. De là leur nom. Aucune des femelles ne peut voler, car celles qui ont des ailes n'en possèdent pour ainsi dire qu'un semblant, les autres en sont complétement dépourvues.

Genre HYBERNIA, Latr.

Voir les caractères de la famille.

225. **Rupicapraria**, Wv.

Haies et jardins, en janvier et février. La plus hâtive des géomètres. La femelle a de très-petites ailes coupées carrément et traversées d'une ligne foncée.

Chenille d'un vert d'eau (parfois brune), à dos coupé de vert et de blanc; vit en mai, sur le prunellier, l'épine et le chêne. — Elle est très-commune dans les haies autour de Châteaudun.

226. **Bajaria**, Wv.

Chemins et bois bordés de haies, en février et mars, puis octobre et novembre. — Rare, quoique la chenille soit parfois très-abondante autour de Châteaudun. La femelle est complétement privée d'ailes et a l'abdomen long et aigu.

Chenille foncée, ramiforme, avec deux bourgeons latéraux sur le 5e anneau et deux pointes sur le 11e; vit en mai, sur le prunellier. Très-facile à élever. Varie beaucoup par la couleur et les dessins.

227. **Leucophæaria**, Wv.

Très-commune, en février et mars, dans les bois encore

dépourvus de feuilles. Vole en plein jour. La femelle n'a pas d'ailes et son abdomen est terminé par une pointe.

Chenille d'un vert jaunâtre, avec les sous-dorsales d'un jaune serin; vivant sur le chêne et l'orme, en mai et juin.

*Var.* MARMORINARIA, Esp. — Presque aussi commune que le type et dans les mêmes endroits.

### 228. **Progemmaria,** Hb.

Pas très-rare, en février et mars, dans les plus petits bois. La femelle a des ailes très-courtes, mais bien développées; les inférieures plus grandes.

Chenille gris-foncé, sans bourgeons, à sous-dorsales bien marquées; vit en mai et juin, sur le chêne, l'orme, le prunellier. — Beaucoup plus commune que le papillon; mais il en périt beaucoup en chrysalide.

### 229. **Defoliaria,** Lin.

Bois, jardins, plantations, en octobre et novembre. — Jamais bien commune, quoique la chenille soit loin d'être rare. Reparaît au premier printemps. La femelle est complétement aptère, grise et mouchetée de noir.

Chenille sans éminences, d'un brun rouge, avec les côtés d'un jaune serin et des taches latérales rouges; vit en mai et juin sur presque tous les arbres [1].

[1] Une ennemie déclarée de nos arbres à fruits. Je ne puis mieux faire que de transcrire ici ce que j'en ai dit dans mon *Species* (tome X, p. 246). « Elle cause quelques dégâts aux jeunes poiriers et pommiers, parce que, » croissant vite, elle consomme beaucoup. En outre, ses couleurs tran- » chées et son habitude de vivre à découvert et souvent à l'extrémité » des rameaux, la font apercevoir d'abord, et l'horticulteur met sur son » compte les ravages beaucoup plus réels de la *Brumata* ou même du » *Bombyx Neustria*. On a donc cherché un remède à ses dégâts et on » croit l'avoir trouvé en entourant d'un anneau de glu, de goudron ou » de toute autre substance gluante, le pied des arbres qu'on veut pré- » server. La femelle étant dépourvue d'ailes, s'embarrasse dans cette » glu en voulant monter le long des troncs. Schranck rapporte l'exemple » d'un de ses amis qui fit l'expérience de cette recette sur 597 pieds » d'arbres de son jardin, et qui prit ainsi, du 23 septembre au 19

## Genre ANISOPTERYX, Stph.

*Les papillons ont les articles des palpes indistincts. Les pre-
mières ailes n'ont que deux rameaux costaux, et les secondes
ont l'indépendante aussi distincte que les autres et naissant à
la même hauteur.*

Ce genre ne se distingue des *Hybernia* que par la disposition
des nervures qui est fort différente. Les femelles sont complètement privées d'ailes et ont l'abdomen terminé par un faisceau
de poils arrondi.

### 230. **Aceraria,** Wv.

Bois, en novembre. — Pas très-commune.

Chenille verte ou brune, à lignes blanches; vivant en
mai et juin, sur l'orme, l'érable, le chêne, etc.

### 231. **Æscularia,** Wv.

Bois, haies, jardins, en mars. — Pas très-commune.

Chenille d'un vert pâle, à sous-dorsales blanches et stigmatale ondulée; vit en mai, sur l'épine, le chêne, l'orme, etc. S'élève facilement.

### Fam. **LARENTIDÆ,** Gn.

Les chenilles sont cylindriques, non atténuées, sans éminences, à lignes généralement distinctes. Les papillons ont la

» octobre, 22,716 femelles qui s'étaient engluées. Je suis donc loin de
» contester la valeur de cette recette; j'avertis pourtant les horticul-
» teurs de ne pas trop s'endormir sur cette précaution, car plusieurs
» femelles et chenilles parviendront toujours à franchir l'anneau qu'un
» peu de poussière ou de terre suffiront pour rendre *guéable* pour elles;
» d'autres seront secouées par le vent, des arbres voisins, etc. Le mieux
» donc est, comme toujours, d'y ajouter une inspection sévère et sou-
» vent renouvelée et d'écraser les chenilles, et mieux encore les fe-
» melles qu'on parviendra à découvrir. »

trompe bien distincte, les palpes rapprochés, les pattes jamais renflées et à deux paires d'éperons distincts, les ailes lisses, non anguleuses, généralement marquées de lignes nombreuses.

Immense famille qui ne compte pas moins de 32 genres, dont beaucoup représentés en Europe. Avec un peu d'habitude, on distingue au premier coup d'œil les insectes qui la composent. Quelques-uns ont des formes très-anormales, mais ce sont presque tous des exotiques : pourtant notre genre européen, *Lobophora*, est dans ce cas.

### Genre CHEIMATOBIA, Stph.

*Les chenilles sont courtes, un peu déprimées et vivent renfermées entre des feuilles. Les papillons ont les palpes à peine visibles. Les mâles volent pendant le jour, mais les femelles n'ont que des moignons d'ailes impropres au vol.*

### 232. **Brumata,** Lin.

Trop commune dans les jardins, les bois, etc., en novembre et décembre.

Chenille d'un vert pâle (rarement noirâtre), à raies blanches et vasculaire foncée ; vivant renfermée entre les feuilles des arbres fruitiers et forestiers, en mai [1].

[1] C'est le désespoir de nos horticulteurs, et, malgré la longueur de l'article qui la concerne dans mon *Species* des Lépidoptères (page 258), je crois devoir le citer en entier. « Elle s'attaque à peu près à tous nos » arbres, mais surtout aux arbres fruitiers, et ses ravages sont d'autant » plus sensibles aux horticulteurs qu'elle les exerce à l'époque où, les » feuilles étant encore très-tendres, la pousse en éprouve une notable » altération. Souvent les bourgeons à fruit, encore adhérents aux jeunes » feuilles, se ressentent de ses dégâts et enfin les fruits eux-mêmes, » quand ils commencent à *nouer,* ne sont pas épargnés par elle. Abritée » derrière un fruit caduc, ou une feuille voisine du jeune fruit (car elle » ne vit jamais complétement à découvert), elle y pratique des cavités » qui le rendront pierreux ou difforme, ou ronge le pédicule qui entraî- » nera sa chute aussitôt qu'il commencera à grossir. Enfin elle s'intro- » duit parfois par l'*œil* dans le cœur même du fruit à la manière de » l'*Eupithecia rectangulata.* On reconnaît ordinairement sa présence aux

## Genre OPORABIA, Stph.

*Les chenilles sont veloutées, non atténuées, à ventre glauque, et vivent à découvert. Les papillons ont les antennes courtes, les*

» feuilles appliquées l'une contre l'autre ou simplement pliées en deux
» et attaquées, non-seulement par les bords comme le font les autres
» chenilles, mais aussi par le disque sur lequel elle perce de grands
» trous, au risque de se découvrir. Elle est parfois si abondante qu'on
» peut en trouver jusqu'à une centaine sur un poirier d'une certaine
» étendue, ce qui ne l'empêche pas de se répandre également sur les til-
» leuls, les chênes, les peupliers, etc., qui l'avoisinent, et l'on peut dire
» que, malgré sa petite taille, c'est un des ennemis les plus redou-
» tables des jeunes plantations.

» Reste maintenant à indiquer un moyen de débarrasser nos espaliers
« de cet animal destructeur. La femelle étant aptère, on pourra em-
» ployer le même moyen que pour les *Hybernia*, mais le plus sûr,
» comme toujours, sera l'écrasement direct. A cet effet, on visitera l'es-
» palier, et aussitôt qu'on apercevra deux feuilles liées et le plus sou-
» vent percées, on les pressera fortement entre le pouce et l'index. Ce
» moyen de destruction, outre qu'il est plus expéditif que de déloger la
» chenille pour l'écraser ensuite, ou de détacher les feuilles attaquées,
» a encore l'avantage de ne pas dépouiller l'arbre. En effet, une fois
» l'insecte mort, l'action de la sève ne tarde pas à faire décoller les
» feuilles qui reprennent de la vigueur, et, au trou près dont elles sont
» percées, concourent comme les autres à la végétation. A ce premier
» examen, on ajoutera celui des fruits de la manière que je vais indi-
» quer : On commencera par secouer légèrement les branches, ce qui
» fera tomber de jeunes fruits avortés, puis on visitera chaque bouquet
» restant et on ôtera ceux qui, étant fanés et jaunis, se laissent déta-
» cher avec facilité. Plusieurs d'entre eux sont liés par quelques fils
» avec les fruits destinés à grossir et forment souvent, avec des débris
» de corolles ou même les feuilles vertes les plus à portée, l'abri qui
» recouvre notre chenille et lui permet d'attaquer le fruit sans être à
» découvert. On coupera même avec l'ongle les feuilles qui peuvent se
» trouver mêlées dans le bouquet, ou qui l'avoisinent de trop près, en
» se fondant toujours sur cette observation que la *Brumata* ne peut
» vivre sans être protégée par quelque abri. On sauvera ainsi une bonne
» partie des fruits des jeunes arbres auxquels on tient particulièrement
» et on en empêchera d'autres d'être déformés ou indurés. J'ai obtenu
» moi-même ces résultats sur de jeunes pyramides qui fructifiaient pour
» la première fois. »

*ailes larges, soyeuses, velues à la côte. Leurs femelles sont ailées. Ils volent en plein jour et ne paraissent qu'avec les premiers froids.*

### 233. **Dilutata,** Wv.

Commune dans les bois et dans les chemins bordés de haies, en octobre et novembre. Varie extrêmement.

Chenille d'un vert pistache, souvent avec des dessins rouges; vit, en mai, sur le chêne, l'orme, etc.

### 234. **Autumnata,** Bdv.

Bois de bouleaux. — Plus rare que la précédente et surtout plus localisée. Châteaudun. Novembre. Presque invariable.

Chenille d'un vert velouté uni; vivant, en mai, sur le bouleau.

### Genre LARENTIA, Tr.

*Les chenilles sont courtes, cylindriques et vivent de plantes basses. Les papillons ont les crochets des tarses très-petits, les ailes entières, soyeuses, à aréole double, à lignes nombreuses.*

### 235. **Pectinataria,** Fuessly.

Dans les bois frais, en juin. — Point rare, mais jamais très-abondante. Une de nos plus jolies géomètres quand elle est fraîche.

Chenille inconnue.

NOTA. Les *Larentia* sont nombreuses, répandues, et plusieurs sont fort communes, mais elles habitent presque toutes les contrées montagneuses. C'est ce qui explique que nous n'ayons que celle-ci dans notre département.

## Genre EMMELESIA, Stph.

*Les chenilles sont très-courtes, à tête petite, et plusieurs vivent renfermées dans les capsules séminales des plantes basses. Les papillons ont les antennes courtes et à peine pubescentes, les palpes écartés, les ailes entières, à frange unie.*

### 236. **Alchemillata**, Lin.

Bois herbus, prés, en mai et juin. — Toujours rare.

Chenille verte, à dos brun rayé de blanc; vit en août et septembre, sur le *Galeopsis* et les *Lamium*.

### 237. **Hydrata**, Tr.

Bois secs et élevés, en mai et juin. — Commune autrefois dans certains bois près de Châteaudun (Saint-Martin. La Varenne). Beaucoup plus rare maintenant.

Chenille d'un blanc d'os, à tête et plaques noires; vivant dans les capsules du *Silene nutans*.

### 238. **Albulata**, Wv.

Commune dans certains prés marécageux, en mai.

Chenille d'un vert pâle, avec trois lignes plus foncées; vivant dans les graines du *Rhinanthus crista galli*, en juillet et août.

## Genre EUPITHECIA, Curt.

*Les chenilles sont minces, carénées, à tête globuleuse. Les papillons sont petits, à palpes larges et en bec, à abdomen souvent crêté, à ailes entières, à lignes nombreuses et à dessins communs, les inférieures plus petites, l'aréole simple et l'indépendante bien marquée.*

Genre extrêmement nombreux et dont les espèces sont souvent fort difficiles à différencier.

239. **Breviculata,** Donz.

Très-rare. Prise seulement quatre fois aux environs de Châteaudun. Sur les pentes gazonnées et couvertes de buissons.

Chenille inconnue.

240. **Venosata,** Fab.

Prés, bois frais, en mai et juin. — Jamais bien commune, surtout au vol. Châteaudun, Berchères, etc. — C'est une des plus élégantes espèces.

Chenille grise, à ventre plus clair; vit en juillet, dans les capsules du *Silene inflata.*

241. **Consignata,** Borck.

Très-rare. Prise une seule fois à Châteaudun, en juillet. Se trouve ailleurs en mai.

Chenille verte, à taches dorsales rouges; vivant en juin, sur les arbres fruitiers.

242. **Linariata,** Wv.

Prés, bois où croissent les Linaires, en juin et juillet. Jamais très-commune.

Chenille verte ou grisâtre, avec de petits traits foncés; vivant en juillet et août, sur la *Linaria vulgaris.*

243. **Centaureata,** Wv.

Jardins, bois secs et herbus, en juin, puis août.

Chenille brune, blanchâtre ou jaunâtre, à chevrons et points dorsaux bruns; vivant en septembre et octobre, sur les centaurées, les scabieuses, etc.

244. **Succenturiata,** Lin.

Jardins et lieux herbus, en juin. — Partout, mais toujours rare.

Chenille brune, à stigmatale blanche, et grandes losanges dorsales foncées; vivant sur les armoises, en août et septembre.

**245. Subfulvata**, Haw.

Jardins, prés, clairières des bois, en juillet et août. — A peu près aussi rare que la précédente.

Chenille brune, à stigmatale carnée et bande dorsale foncée, rétrécie dans les incisions, et un trait noir de chaque côté; vivant en novembre, sur l'*Achillæa millefolium*.

Les entomologistes anglais persistent à soutenir qu'elle forme une espèce distincte, et ont répété plusieurs fois les expériences sur l'éducation des deux chenilles.

**246. Oxydata**, Tr.

Aussi rare que les précédentes. Châteaudun, sur les osiers plantés dans les vignes.

Elle me paraît encore plus distincte que la *Subfulvata*, mais sa chenille n'est pas connue.

**247. Plumbeolata**, Haw.

Commune dans les hautes herbes des bois, en mai et juin. C'est la moins marquée de nos *Eupithecia*.

La chenille vit sur le *Melampyrum sylvaticum*, mais je ne l'ai pas élevée moi-même. — Bois, parcs, jardins, etc., en mai.

**248. Castigata**, Hb.

La plus commune des *Eupithecia*, du moins à l'état de chenille.

Chenille longue, grise, à losanges noirâtres, vivant en août et septembre, sur les *Aster*, *Solidago*, et beaucoup d'autres plantes. Elle varie beaucoup et s'élève facilement.

**249. Irriguata**, Hb.

Bois de chênes, en avril, puis juin. —Rare. Châteaudun.
Chenille inconnue.

**250. Innotata**, Hb.

Bois. — Rare chez nous, quoique très-commune dans bien des contrées.

Chenille verdâtre ou rougeâtre, à triangles dorsaux foncés et stigmatale blanche sinuée; vit en octobre et novembre, sur les armoises.

### 251. **Nanata,** Hb.

Bois remplis de bruyères, en mai. — Commune à Châteaudun.

Chenille blanchâtre, à dessins tranchés, d'un rouge de porphyre; vit en octobre, sur la bruyère. Très-jolie et très-facile à élever.

### 252. **Subnotata,** Hb.

Jardins, parcs, en juillet. Châteaudun. Ne se trouve que çà et là, à moins qu'on ne l'obtienne par éducation.

Chenille d'un vert sale, à vasculaire et losanges foncées; vit en octobre et novembre, sur les *Chenopodium*.

### 253. **Vulgata,** Haw.

Bois, parcs, jardins, etc., en juin. — Commune.

Chenille grise, à losanges foncées; vit en septembre, sur les aster, les verges-d'or, etc. Très-facile à élever.

### 254. **Absynthiata,** Lin.

Bois et jardins, en juin et juillet. — Commune partout.

Chenille verte, à taches triangulaires brunes et ligues jaunes; vit en septembre, sur une foule de plantes basses.

NOTA. Je n'ai point trouvé dans notre département la *Minulata,* espèce si voisine de celle-ci qu'il est difficile de l'en distinguer, et dont la chenille rose vit sur la Bruyère, mais il est probable qu'elle s'y trouve également.

### 255. **Tenuiata,** Hb.

Prés, bois humides, en juin et juillet. Chartres, Châteaudun.

Chenille courte, grise, à vasculaire foncée et tête noire; vit en avril et mai, dans les chatons des saules.

**256. Dodoneata,** Gn.

Bois de chênes, en mars et avril. Châteaudun, Bois-Saint-Martin.

Chenille d'un jaune ferrugineux, à chevrons d'un brun rouge; vit en juin, sur le chêne, et s'élève facilement.

**257. Abbreviata,** Gn.

Bois de chênes, en mars. — Pas très-rare à Châteaudun, mais s'obtient plus facilement par éducation, comme la plupart des *Eupithecia*.

Chenille fauve, à triangles dorsaux et traits latéraux alternants d'un brun noir; vit en juin, sur les chênes, dans les bois secs et exposés au midi.

**258. Exiguata,** Hb.

Bois et jardins, en mai et juin. — Pas rare à Châteaudun.

Chenille verte, à losanges et tête rouges; vivant en septembre et octobre, sur une foule de plantes et d'arbustes.

**259. Sobrinata,** Hb.

Lieux incultes, bois où croissent les genévriers. Châteaudun, Nogent, etc., en août et septembre.

Chenille verte ou brune, à sous-dorsales claires; vivant en mai et juin, sur le genévrier.

**260. Pumilata,** Hb.

Jardins çà et là, en mars et avril.

Chenille courte, d'un vert pâle, à V dorsaux et lignes latérales foncés ou violâtres; vit en septembre, sur la clématite, l'hysope, etc. — Commune.

**261. Coronata,** Hb.

Jardins et bois, en mars et avril. Châteaudun. — Rare.

Chenille courte, verte ou rougeâtre, à lignes et triangles foncés et ventre pâle; vit en août et septembre, sur la clématite.

262. **Rectangulata,** Lin.

Jardins, vergers, plantations, en juin et juillet. Vole souvent par essaims autour des pommiers, dans le Perche.

Chenille courte, verte, à ligne dorsale rouge et tête noire; vit sur les arbres fruitiers, en avril et mai [1].

## Genre LOBOPHORA, Curt.

*Les chenilles sont lisses, vertes, à tête cordiforme et à pointes anales. Les papillons mâles ont les antennes simples, les ailes inférieures garnies à la base d'un lobe frangé qui ressemble à des petites ailes supplémentaires.*

263. **Sexalata,** D. Géer.

Bois et prés plantés de saules, en mai et août. — Rare partout. Prise à Châteaudun une seule fois.

Chenille d'un vert d'eau, à lignes blanches et tête vert foncé; vivant en août et septembre, sur les saules et les osiers.

264. **Hexapterata,** Wv.

Bois et avenues de peupliers, en avril et mai. Commune dans tout le département.

[1] C'est encore, malgré sa petite taille, une ennemie redoutable pour nos arbres fruitiers. J'analyse ici les détails sur ses mœurs et sa destruction que j'ai donnés dans mon *Species*, p. 299. Elle s'introduit dans les boutons des pommiers et des poiriers qu'elle lie avec des fils très-ténus et s'installe dans l'ovaire, protégée par les pétales qui restent ainsi noués et, au lieu de s'épanouir, se dessèchent sur place sans cependant tomber. Si, averti par la couleur brune de cette espèce de coiffe, on l'enlève d'une seule pièce, on apercevra dans la petite cupule formée par l'ovaire à moitié rongé notre minime chenille roulée sur elle-même. Plus souvent encore on y trouvera la larve de l'*Anthonomus pomorum*, coléoptère qui procède absolument de la même manière. Les horticulteurs qui voudront prévenir ses ravages pourront enlever les boutons qui leur paraissent trop tarder à se développer, et, au moyen d'une brucelle, saisiront ces petits parasites, et, si cette opération est pratiquée à temps, parviendront à sauver quelques fruits. Bien entendu que cette chasse ne pourra se pratiquer que sur des arbres précieux et isolés.

Chenille verte, à tête fendue; vivant sur les peupliers, en septembre.

## Genre THERA, Stph.

*Les chenilles lisses, à deux pointes anales et à tête très-grosse, vivent sur les conifères. Les papillons ont les palpes incombants et disposés en bec, l'abdomen long et à valves très-développés, les ailes soyeuses, avec une bande plus foncée et irrégulière formée par les deux lignes médianes.*

265. **Juniperata,** Lin.

Bois plantés de genévriers, en septembre et octobre. Châteaudun, route de Verdes.

Chenille verte, à sous-dorsales jaunes et stigmatale rouge; vit en juillet et août, sur le genévrier où elle abonde souvent.

## Genre MELANTHIA, Dup.

*Les chenilles sont longues et effilées, vertes, à tête petite et globuleuse. Les papillons ont les antennes courtes, simples, le thorax crêté, les ailes satinées à espace basilaire foncé.*

266. **Rubiginata,** Wv.

Prés, lieux ombragés, haies, en juin, puis août. — Commune le soir.

Jolie géomètre qui varie passablement.

Chenille d'un beau vert, à vasculaire foncée et stigmatale jaune; vivant en juin, sur l'aulne.

267. **Ocellata,** Lin.

Commune dans les bois et les jardins ombragés, en mai et août.

Chenille brune, à stigmatale blanche et chevrons clairs; vivant sur le *Galium sylvaticum*, en juin et septembre.

## Genre MELANIPPE, Dup.

*Les chenilles sont épaisses, à tête petite, à poils assez distincts, et vivent pour la plupart renfermées entre les feuilles. Les papillons ont les antennes simples, l'abdomen zoné ou ponctué, les ailes blanches, à lignes et bandes foncées, la subterminale toujours visible.*

### 268. **Hastata,** Lin.

Bois d'une certaine étendue. Bailleau, Senonches, Fréteval, etc., en mai et juin.

Chenille noire ou brune, à taches latérales jaunes; vivant en juillet et août, sur le bouleau dans des feuilles roulées ou assemblées.

### 269. **Tristata,** Lin.

Bois d'une certaine étendue, lisières ou parties ombragées, mai et juillet. — Commune dans les lieux qu'elle habite.

Chenille d'un brun-roux, à sous-dorsales et stigmatale jaunes; vivant en juin et septembre, sur les galium.

### 270. **Rivata,** Hb.

Prés, bois humides, plantations, etc., en mai, juin et août. — Commune partout.

Chenille jaunâtre, à chevrons dorsaux foncés; marqués dans l'incision d'une petite losange claire au milieu de laquelle est un point noir; vit sur les plantes basses, en juillet et septembre.

### 271. **Biriviata,** Bk.

Mêmes époques et localités [1].

---

[1] Cette espèce et la précédente paraissent à peine distinctes; cependant M. Doubleday, qui en a élevé plusieurs pontes *ab ovo*, affirme

Chenille brune, à chevrons dorsaux foncés marqués dans l'incision d'un point noir éclairé antérieurement; vit sur les mêmes plantes.

### 272. **Montanata,** Wv.

Assez commune dans certains bois et par certaines années. Châteaudun.

Chenille d'un gris carné, avec la région dorsale d'un gris foncé et des taches rhomboïdales noires sur les anneaux du milieu; vit en avril, sur la *Primula officinalis,* sous les feuilles les plus basses.

### 273. **Galiata,** Wv.

Bois secs, terrains calcaires, en juin et août. — Pas très-commune.

Chenille grise, à vasculaire noire et sous-dorsale blanche; vivant en juillet et septembre, sur le *Galium verum.* Un excellent moyen de se la procurer est de visiter les ornières que bordent des pieds de *Galium* et où tombent ses crottes qui la trahisssent.

### 274. **Fluctuata,** Lin.

Jardins, haies, prés, etc., en mai, puis août. — Assez commune. Varie beaucoup.

Chenille brune, à stigmatale carnée, à dessin crucial sur le dos; vivant en juin et juillet, sur les plantes basses.

Genre ANTICLEA, Stph.

*Les chenilles sont très-longues et filiformes ou au contraire ramassées et pliées en deux, et vivent à découvert sur les* Rosa;

si positivement leur validité que je les sépare ici. Il paraît qu'en Angleterre la *Rivata* ne paraît qu'une fois par an et n'habite que les terrains calcaires, tandis que la *Biriviata* a deux générations et se trouve partout. Mais ces différences de mœurs ne se vérifient pas chez nous et il m'est difficile d'admettre deux espèces.

10

Berberis *et* Galium. *Les papillons ont, à la base de l'aile, deux bandes foncées très-nettes et droites, et la ligne coudée écartée et denticulée.*

Genre composé de jolies phalènes, à dessins élégants. Les espèces exotiques se rapprochent beaucoup des nôtres.

### 275. **Sinuata**, Wv.

Très-rare. Prise une seule fois à Châteaudun autour d'un tilleul en fleurs. — Juin.

Chenille d'un vert jaune avec les sous-dorsales noires ; vivant en juillet et août, sur le *Galium verum.*

### 276. **Rubidata**, Wv.

Bords des bois secs, collines chaudes. Volant sur les fleurs de l'origan, en juillet. — Commune à Châteaudun.
Chenille.

### 277. **Badiata**, Wv.

Bois, jardins, haies, chemins, etc., en mars et avril.

Chenille verte, à tête rousse ou rose ou violâtre, avec deux taches noires céphaliques ; vit en juin, sur les rosiers. — Moins rare que le papillon.

### 278. **Derivata**, Wv.

Bois, haies, jardins, en mars et avril. — Assez rare.

Chenille verte, avec une ligne très-interrompue au milieu et un trait transversal sur le 9ᵉ anneau, d'un rouge pourpré ; vit en juin, sur le rosier et le chèvrefeuille. Facile à élever.

### 279. **Berberata**, Wv.

Jardins où l'on cultive les *Berberis*, en avril et août. — Localisée.

Chenille courte, grise ou ocracée, se pliant comme les *Gnophos*; vit sur l'épine-vinette, en juillet. — Commune à Châteaudun par certaines années.

Genre COREMIA, Gn.

*Les chenilles sont longues, renflées en arrière, raides, vivant sur les plantes basses. Les papillons mâles ont les antennes plus ou moins ciliées, l'abdomen marqué d'une double série de points, l'espace médian des ailes supérieures plus foncé.*

Genre qui devient plus nombreux de jour en jour et qui a plus que doublé depuis la publication de mon *Species*. Les espèces australiennes surtout augmentent à chaque envoi.

### 280. **Ferrugata**, Lin.

Commune dans les bois frais, les prés et sur les haies de tout le département, en avril, mai, juillet et août.

Varie beaucoup et a donné lieu à la création de plusieurs espèces.

Chenille terreuse, avec le dos noirâtre, un point noir dans l'incision antérieure et une large tache claire dans la postérieure; vit en septembre et octobre, sur les plantes basses.

Genre CAMPTOGRAMMA, Stph.

*Les chenilles sont cylindriques, de longueur moyenne, à trapézoïdaux pilifères. Les papillons ont les antennes simples, l'abdomen sans points dorsaux, les ailes traversées par beaucoup de lignes avec l'espace médian concolore.*

### 281. **Bilineata**, Lin.

Extrêmement commune dans les bois, les jardins, les haies d'où on la fait partir en battant les feuilles. — Pendant tout l'été.

Chenille d'un vert blanchâtre, à lignes blanches; vivant sur les luzernes, les graminées, etc., et se cachant sous les touffes ou les pierres, en mars et avril.

Genre PHIBALAPTERYX, Stph.

*Les chenilles sont très-longues, à tête lenticulaire, à palpes très-développés, filiformes, très-vives, se roulant en hélice, et vivent à découvert sur les arbrisseaux. Les papillons ont les antennes simples, les palpes en bec, l'abdomen marqué d'une ligne noire à sa base, les ailes aiguës au sommet et à lignes multiples et parallèles.*

282. **Tersata**, Wv.

Assez commune dans les jardins plantés de clématites et sur les haies du Perche, en avril, puis juillet.

Chenille à peine distincte de la suivante, avec laquelle elle vit en septembre et octobre.

283. **Vitalbata**, Wv.

Commune dans les jardins, les vignes, autour des haies, mêlées de clématites, en mai et août.

Chenille d'un gris plus ou moins foncé, nuancée de carné çà et là, à ligne claire ventrale et vasculaire noire; vit en octobre, sur les clématites. Très-facile à élever.

284. **Lignata**, Hb.

Assez commune dans les prés des Abrets (Châteaudun), où elle vole au crépuscule, en juin.

Chenille inconnue.

285. **Polygrammata**, Bork.

Prise une seule fois à Châteaudun sans que je puisse me rappeler où, ni à quelle époque.

Chenille inconnue.

## Genre SCOTOSIA, Lin.

*Les chenilles sont courtes, épaisses et vivent généralement, dans leur jeunesse, renfermées entre des feuilles. Les papillons mâles ont les antennes simples, les valves abdominales larges et velues, les ailes dentées, soyeuses, avec certaines parties velues.*

286. **Dubitata,** Lin.

Commune dans les jardins et sur les haies garnies de nerpruns, en juin et septembre.

Chenille verte, à lignes blanches et stigmatale jaune; vivant en mai, sur les *Rhamnus*. Se trouve ordinairement par groupes et s'élève avec la plus grande facilité.

*Var.* Cinereata, Stph. — Aussi commune que le type.

287. **Vetulata,** Wv.

Commune dans les bois humides, sur le bord des prés, etc., en juin et juillet.

Chenille courte, noire, à stigmatale blanche nuancée de jaune et de rose; vit en mai, sur les *Rhamnus*, dans une feuille repliée et collée sur ses bords. Pour sortir de cette feuille, elle perce un trou et laisse l'extrémité remplie d'excréments comme la *Lycæna bœtica*.

288. **Rhamnata,** Wv.

Sur les haies garnies de nerpruns; mais plus rare. Châteaudun, bords du Loir. Chartres, près du Moulin-le-Comte.

Chenille d'un beau vert, à stigmatale jaune, surmontant un trait rouge sur les derniers anneaux; vit en avril et mai, à découvert sur les *Rhamnus*.

289. **Undulata,** Lin.

Bois ombragés, aulnaies. — Très-rare. Près de Jouy. En mai et juin.

Chenille brune, à vasculaire géminée, stigmatale jaune et tête rougeâtre; vivant en septembre, sur les saules, dans des feuilles repliées. Je n'ai pu parvenir à la rencontrer.

## Genre CIDARIA, Treits.

*Les chenilles sont longues, pédonculiformes, raides, vivant sur les arbres. Les papillons ont les antennes simples, l'abdomen mince et velu à l'extrémité, les ailes à apex aigu, les secondes ne participant pas au dessin des premières.*

Genre nombreux que les Allemands ont démesurément étendu. Les espèces exotiques sont grandes et remarquables par leurs dessins et leurs couleurs.

### 290. **Psittacata,** Wv.

Prés, jardins, petits bois de tout le département, en septembre et octobre. Presque toujours fraîche. Vole sur les fleurs du lierre.

Chenille longue, d'un vert jaunâtre, à deux pointes anales, parfois à traits dorsaux roses; vit en août, sur le chêne. Chrysalide efflorescente.

### 291. **Miata,** Lin.

Bords des prés, bois frais, en septembre et octobre. — Rare partout. Vole aussi sur les fleurs du lierre.

Chenille inconnue.

### 292. **Picata,** Hb.

Bois, principalement ceux d'une certaine étendue, en juin. Chartres, Nogent, Châteaudun. — Rare partout.

Chenille d'un vert olive pâle, avec le dos marqué de petits points noirs et la vasculaire large, jaunâtre, aussi marquée de points noirs.

Cette chenille, inconnue jusqu'ici, a été élevée *ab ovo* par M. Henry Doubleday, sur l'*Alsine media.*

**293. Corylata,** Thbg.

Bois frais, bord des prés, en mai et juin. — Partout, mais jamais abondante.

Chenille d'un vert pâle ou d'un rouge clair, à tête fendue, et à pointes anales; vivant en septembre, sur le chêne, le tilleul et le prunellier, etc.

**294. Russata,** Wv.

Commune dans les bois, les jardins, les haies de tout le département, en mai, juin et septembre.

Chenille verte, à pointes anales rosées, parfois à stigmatale vineuse; vivant en avril, mai et août, sur le bouleau et le rosier.

**295. Prunata,** Lin.

Très-commune autour des haies qui renferment des groseilliers, en juillet et août.

Chenille longue, d'un vert pâle, à chevrons dorsaux ferrugineux, ou brune à losanges blanchâtres; vivant en juin, sur le *Ribes grossularia* et aussi sur le prunellier.

**296. Testata,** Lin.

Assez rare, surtout les femelles. Chartres, près de Gourdez, Châteaudun, près des Abrets. Mai, puis août.

Chenille jaune, à lignes blanches et stigmatale foncée; vivant en juin, sur divers peupliers.

**297. Fulvata,** Wv.

N'est pas rare dans les jardins et sur les haies, en juin. Une des plus jolies.

Chenille verte, portant deux pointes sur le cou et deux autres à l'anus; vivant en mai, sur le rosier. Facile à élever.

**298. Pyraliata,** Wv.

Collines sèches, bois montueux. Châteaudun, La Boissière, Le Mée. Juin et juillet. — Ne se prend que çà et là.

Chenille d'un vert jaunâtre, à vasculaire et tête claires; vivant en mai, sur l'aubépine. (Albin.)

299. **Dotata**, Lin.

Jardins et haies. Châteaudun. — Rare. Je ne l'ai prise que deux ou trois fois. Juin et juillet.

Chenille verte, à stigmatale claire et deux pointes anales: vit en mai, sur l'aulne.

Fam. **EUBOLIDÆ**, Gn.

Les chenilles sont allongées, raides, sans éminences et vivent à découvert sur les plantes basses. Les papillons mâles ont les ailes inférieures beaucoup moins développées que les supérieures qui sont marquées d'un trait apical oblique. Les tibias ont sou-vent un ongle corné à l'extrémité.

Genre EUBOLIA, Dup.

*Les chenilles sont très-longues, un peu moniliformes, à tra-pézoïdaux verruqueux. Les papillons ont les antennes pectinées ou pubescentes, leurs tibias n'ont pas d'ongle corné, les ailes supérieures ont deux aréoles, les inférieures ont la 4e nervule aussi longue que la 3e.*

300. **Cervinaria**, Wv.

Jardins, haies, cours, en octobre. — Rare chez nous. Vole au crépuscule.

Chenille très-longue, d'un vert d'eau, à trapézoïdaux ronds et clairs et stigmates noirs; vit sur les mauves, en mai et juin.

301. **Mensuraria**, Wv.

Dans tous les bois herbus, en juillet et août. Vole en plein jour.

Chenille d'un jaune verdâtre; vivant en avril et mai, sur le prunellier, dit-on.

302. **Palumbaria,** Wv.

Très-commune, en mai et juillet, dans les bois secs, les bruyères, etc. Vole le jour, mais se pose fréquemment.

Chenille grise, avec des lignes et des points bruns ; vit en avril, puis en juin, sur les genets.

303. **Bipunctaria,** Wv.

Lieux chauds, coteaux abrités, gazons secs, en juillet et août. Vole le jour avec assez d'activité.

Chenille épaisse, grise, avec des lignes à peine plus foncées ; vit en juin et juillet, sur les graminées et les trèfles.

Genre ANAITIS, Dup.

*Les chenilles sont raides, carénées latéralement, plissées, à tête rétractile et vivent à découvert sur les* Hypericum. *Les chrysalides sont molles et munies d'une gaîne ventrale. Les papillons ont les antennes simples dans les deux sexes, l'abdomen long, les tibias à ongle crochu, les ailes supérieures allongées, les inférieures du mâle très-rétrécies, à 4e nervule très-raccourcie.*

Genre très distinct et composé d'espèces toutes très-belles, tant exotiques qu'indigènes.

304. **Plagiata,** Lin.

Commune dans tous les lieux où croissent les millepertuis, en mai, juin et août.

Chenille fauve, avec une ligne stigmatale jaune ; vivant en juillet, sur l'*Hypericum perforatum*, parmi les fleurs.

Genre CHESIAS, Treits.

*Les chenilles sont longues, carénées, à lignes distinctes et à grosse tête globuleuse ; vivant sur les genets. Les papillons ont les antennes non ciliées, les ailes lancéolées, soyeuses, les tibias antérieurs très-courts et armés d'un ongle robuste.*

### 305. **Spartiata**, Fuessl.

Bois remplis de genêts, en octobre.

Chenille d'un vert foncé, à lignes marquées, stigmatale blanche; vit en mai et juin, sur les genêts.

### 306. **Obliquaria**, Wv.

Bois de genêts, en avril, puis en août. — Plus rare que la précédente.

Chenille très-longue, verte, à ventre pâle; vit en juillet, sur les genêts.

---

Les familles qui terminent la grande division des Géomètres sont toutes étrangères à notre département, la plupart même à l'Europe. Elles ont des formes très-tranchées et les dernières même ne sont peut-être pas de vraies phalénites.

## Legio **PSEUDO-BOMBYCES**, Latr.

*Les chenilles ont seize pattes, mais souvent la paire anale est transformée en appendices particuliers et ne sert pas à la marche, d'autres fois elle est au contraire prolongée. Les papillons ont les ailes discolores, épaisses, presque toujours allongées. Un frein. Une trompe plus ou moins développée* [1].

### Tribu **TORTRICIFORMES**, Gn.

*Les chenilles sont courtes, nues, molles, à pattes anales prolongées et servant toujours à la marche. Leurs chrysalides sont obtuses, à peau mince, renfermées dans des coques parcheminées. Les papillons ont les ailes lisses : les supérieures presque toujours vertes, les palpes courts et velus.*

Cette petite tribu très-remarquable était placée autrefois dans les *Tortrix*; les auteurs les plus modernes l'ont encombrée de genres qui n'ont guère de rapports les uns avec les autres. Outre les genres européens qu'on trouvera ci-dessous, elle en contient plusieurs exotiques, notamment le G. *Rosema*, qui habite l'Amérique méridionale, et dont Stoll nous a fait connaître les chenilles, dont une vit sur l'ananas. Elles ont beaucoup de rapports avec les nôtres ; mais les papillons ont les antennes pectinées, ce qui annule un des meilleurs caractères qu'on aurait pu donner à la tribu.

[1] Les Pseudo-Bombyx exotiques sont très-nombreux et variés; ils abondent, plus peut-être que toute autre légion, en espèces de formes bizarres, surtout à l'état de chenille. Aussi les genres, déjà nombreux comme on voit, chez nos indigènes, s'y multiplient-ils à l'infini. C'est surtout l'Australie et l'Inde qui nous fournissent les plus remarquables.

### Fam. **CYMBIDÆ**, Gn.

Les chenilles vivent sur les arbres. Leurs coques sont en forme de bateau. Leurs chrysalides courtes et à peau fine. Les antennes des papillons sont filiformes dans les deux sexes, les palpes visibles, droits et écartés; les ailes jamais échancrées.

Cette famille comprend tous les genres européens.

### Genre HYLOPHILA, Hb.

*Les chenilles sont de forme normale cylindrique, à pattes très-longues; elles vivent en automne, à découvert. Les papillons ont les antennes robustes, le thorax très-large et velu, les ailes supérieures aiguës mais non coudées, à franges épaisses, les inférieures courtes et luisantes.*

### 307. **Prasinana**, Lin.

Bois de chênes et de hêtres, en mai. — Pas rare.

Chenille verte, à lignes et points jaunes; sur le chêne et le hêtre, en août et septembre.

### Genre HALIAS, Treits.

*Les chenilles sont aplaties en dessous, bossuées en dessus, nullement cylindriques, à tête petite, à pattes courtes. Elles vivent au printemps, à découvert. Les papillons ont les antennes très-minces, le thorax très-étroit, très-court et nullement velu, les ailes planes : les supérieures coudées et finement rentrantes à l'angle interne, vertes, à deux lignes blanches, les inférieures et l'abdomen blancs.*

### 308. **Quercana**, Wv.

Bois de chênes, en juillet. — Pas rare.

Chenille verte, à lignes obliques; vit sur le chêne; adulte en mai.

Je ne connais qu'une espèce exotique, mais elle se rapproche beaucoup de la nôtre.

## Genre EARIAS, Hb.

*Les chenilles sont molles, de la forme des* Halias, *mais elles vivent cachées entre les feuilles terminales des arbrisseaux, réunies en paquet avec de la soie. Les papillons ont à peu près les caractères des* Halias; *mais leurs ailes supérieures sont entières, à bord droit, sans lignes blanches. Ils sont tous de petite taille* [1].

Les espèces de ce genre sont nombreuses, mais nous n'en avons que deux en Europe.

309. **Clorana,** Lin.

Oseraies, bords des prés, en juin.

Chenille grise, à bande dorsale blanche, étranglée au 5e anneau, et la tête noire; vit en mai puis septembre, sur les osiers et autres salix. S'élève très-aisément.

---

## Tribu ERECTÆ, Gn.

*Les chenilles portent le dernier anneau relevé et ne s'appuyent pas sur les pattes anales, quand elles existent; elles se chrysalident dans des coques épaisses et consistantes. Les papillons ont le corps robuste, velu, les ailes épaisses, oblongues, la trompe courte.*

### Fam. PYGÆRIDÆ, Gn.

Les chenilles sont velues, nullement fusiformes, à pattes anales courtes, mais jamais absentes. Les papillons ont le corps velu, le thorax court et à partie moyenne discolore, l'abdomen dépassant les ailes inférieures et terminé par un bouquet de poils carré ou bifide.

[1] Une espèce de ce genre tout récemment découverte en Egypte, fait beaucoup de tort aux cotonniers, dans la capsule desquels elle vit enfermée. Sa chenille est munie, sur les premiers anneaux, de caroncules spiniformes dont les nôtres sont totalement privées.

## Genre CLOSTERA, Hoffm.

*Les chenilles vivent dans des feuilles liées et ont des éminences sur les 4e et 11e anneaux. Les papillons ont les ailes courtes, l'abdomen relevé à anus bifide, le thorax à bande médiane brune, les antennes courtes, contournées et garnies de lames dans les deux sexes. Les secondes ailes n'ont point de nervule indépendante.*

### 310. **Reclusa,** Wv.

Prés, oseraies en mai, puis août. — Point rare partout.

Chenille roussâtre, avec une bande latérale et les deux tubercules dorsaux brun foncé; vit renfermée entre les feuilles des saules et osiers, en juin, puis septembre.

### 311. **Curtula,** Lin.

Mêmes localités et époques. Tronc des peupliers. — Pas plus rare.

Chenille grise, à trapézoïdaux orangés et deux verrues noires; vit sur les peupliers et les saules entre deux feuilles liées, en juin, septembre et octobre.

### 312. **Anachoreta,** Fab.

Mêmes mœurs et époques. — Un peu plus rare.

Chenille grise, à tubercules roux, avec deux taches blanches sur le 4e anneau; vit sur les peupliers et les saules, en juin et septembre.

### 313. **Anastomosis,** Lin.

Prés et plantations de peupliers, en mai et août. Chartres, Châtcaudun. — Plus rare que les précédentes ou plutôt ne donnant que par certaines années.

Chenille grise, à dos noir, avec des points blancs et des caroncules rouges, dont deux plus grandes et bifides sur les 4e et 11e anneaux; vit en juillet, sur les peupliers.

## Genre PYGÆRA, Och.

*Les chenilles sont longues, cylindriques, sans verrues, et vivent à découvert sur les arbres, en familles nombreuses. Les papillons ont les ailes oblongues, à écailles luisantes, les antennes longues : celles de la femelle filiformes, le thorax laineux, à carré antérieur discolore, l'abdomen très-long, la nervule indépendante des secondes ailes bien marquée.*

### 314. **Bucephala,** Lin.

Bois, prés, jardins, en mai et juin. — Commune partout.

Chenille jaune, à lignes et bandes noires ponctuées et interrompues, poils blancs ; vit par familles sur tous les arbres, mais surtout les chênes, en septembre et octobre.

### Fam. **HARPYIDÆ,** Gn.

Les chenilles sont rases ; elles ont les pattes anales entièrement supprimées et remplacées par deux filets divergents. Les coques sont parcheminées, résistantes et collées aux troncs des arbres. Les papillons ont les antennes pectinées et aigues, les pattes velues, les postérieures à une seule paire d'éperons, point de trompe.

### § **DICRANURIDÆ,** Dup.

### Genre DICRANURA, Latr.

*Les chenilles ont, à la place des pattes anales, deux longs filets rétractiles qu'elles allongent à volonté ; elles sont vertes, avec une sorte de manteau interrompu sur le 4e anneau qui porte une éminence. Les papillons ont les antennes garnies de lames dans les deux sexes, jusqu'à l'extrémité, les ailes supérieures chargées de dessins fortement dentés, avec une aréole au bout de la cellule, les inférieures bordées de points.*

315. **Vinula**, Lin. (*La Queue-Fourchue*, Geoff.)

Dans tous les lieux plantés de saules et de peupliers, en mai et juin. — Pas rare.

Chenille verte, à manteau vineux bordé de blanc; vit sur les peupliers et les saules, en août, septembre et octobre.

316. **Erminea**, Esp.

Mêmes lieux et époques, mais très-rare. Une seule fois à Châteaudun.

Chenille semblable à la *Vinula*, mais le manteau se prolongeant sur les côtés en une goutte blanche.

317. **Furcula**, Hb., De Geer.

Mêmes mœurs. — Pas très-rare, à Châteaudun.

Chenille à manteau ferrugineux bordé de jaune, sur les *Salix Capræa* principalement, en juin et juillet, puis octobre.

318. **Bifida**, Hb.

Mêmes mœurs. Troncs des peupliers et des trembles. — Plus commune que *Furcula*.

Chenille verte, à manteau ferrugineux interrompu, et à taches latérales jaunes, sur les peupliers et les trembles, aux mêmes époques.

Nota. Ces deux dernières espèces sont difficiles à distinguer entre elles sous tous leurs états.

Genre HARPYIA, Och.

*La chenille n'a pas de filets anaux ni la tête rétractile; la coque est très-consistante, collée artistement au tronc des chênes et se confondant avec l'écorce. Le papillon a les antennes pectinées dans les deux sexes, mais l'extrémité est brusquement filiforme; les ailes n'ont pas de points terminaux ni d'aréole au bout de la cellule.*

319. **Milhauseri,** Fab. (*Le Dragon,* Engr.)

Sur les chênes, au bord des bois et des routes, en mai
et juin. — Très-rare. Châteaudun, Bailleau.

Chenille verte, avec des épines dorsales et une tache latérale carnée; vit en août et septembre, sur le chêne.

### Genre STAUROPUS, Germ.

*La chenille a les pattes antérieures démesurément longues,
le dos denté et deux filets non rétractiles à la partie postérieure qui est très-renflée. Le papillon a les antennes comme
ci-dessus chez le mâle, mais filiformes chez la femelle, l'abdomen très-long, velu et crêté sur le dos; les ailes supérieures
très-épaisses, à franges fournies, et, çà et là, des écailles ou
poils relevés, les inférieures très-opaques.*

320. **Fagi,** Lin. (*L'Écureuil,* Engr.)

Bois de chênes et de hêtres.

Chenille testacée, à traits obliques et deux points noirs
latéraux; vit sur le chêne et le hêtre, en juillet, août,
septembre. — Rare dans le département.

### Fam. **NOTODONTIDÆ,** Bdv.

Les chenilles sont rases; elles tiennent leurs derniers anneaux
relevés et plusieurs sont dépourvues de pattes anales. Les papillons ont deux paires d'éperons aux pattes postérieures; leurs
ailes supérieures ont généralement une dent au milieu du bord
interne.

### Genre ASTEROSCOPUS, Treits.

*Les chenilles sont molles, vertes, à lignes claires, à 11e an-
neau relevé en bosse. Les papillons ont les antennes longues,
filiformes chez les femelles, le corps épais et velu, les ailes sans
dent, les inférieures sans indépendante.*

321. **Cassinia**, Wv.

Boulevards et lieux plantés d'ormes, en mars et avril.

Chenille verte, demi-transparente, à lignes jaunes; vit en mai et juin, sur l'orme et le chêne. — Pas très-rare, mais difficile à élever.

Nota. Le genre *Uropus*, qui précède celui-ci, ne contient qu'une espèce qui n'habite pas le département.

### Genre DILOBA, Bdv.

*La chenille est épaisse, cylindrique, à points saillants, mais sans autre élévation. La chrysalide est pruineuse, courte et terminée carrément. Le papillon a les antennes très-pectinées jusqu'au sommet chez les mâles, filiformes chez les femelles; celles-ci ont l'abdomen terminé par une bourre écailleuse. Trompe presque nulle. Les ailes supérieures n'ont pas de dent au bord interne; les inférieures ont l'indépendante visible.*

322. **Cœruleocephala**, Lin.

Jardins, haies, bois de tout le département, en septembre et octobre.

Chenille gris-bleu, à bandes citron et points noirs; vit sur l'épine et le prunellier, en mai.

### Genre GLUPHISIA, Bdv.

*La chenille est fusiforme, rase, sans aucune protubérance. Les antennes du mâle sont pectinées jusqu'au bout, celles de la femelle à lames courtes. La trompe est distincte; les ailes supérieures sans dent interne, les inférieures sans indépendante.*

323. **Crenata**, Esp.

Tronc des peupliers, dans les bois, avril et mai. — Très-rare.

Chenille d'un beau vert, avec une bande dorsale rouge interrompue; vivant en juin, sur les peupliers.

## Genre DRYMONIA, Hs.

*Les chenilles sont longues, sans protubérances et vivent toutes sur le chêne. Les papillons ont les antennes des* Diloba, *point de trompe, la tête petite, l'abdomen long, les ailes entières, à frange entrecoupée : les supérieures ayant une dent interne, mais souvent à peine perceptible, et deux lignes dentées, les inférieures à indépendante égale aux autres.*

### 324. **Querna**, Wv.

Petits bois, *trognes* des haies, fin juin et commencement de juillet. — Assez commune à Châteaudun, quoique généralement rare partout.

Chenille d'un vert glauque, pointillée de blanc, à stigmatale jaune ponctuée de rouge : vit sur les chênes des haies, fin août et septembre.

### 325. **Dodonea**, Wv.

Bois de chênes, en avril et mai. — Pas rare, surtout à Châteaudun. Chrysalides au pied des *trognes*.

Chenille verte, à lignes blanches : la stigmatale coupée de points fauves ; vit sur le chêne, en juin et juillet.

### 326. **Chaonia**, Wv.

Grands bois, en mai. Partout dans le département, mais nulle part abondante.

Chenille vert clair, à cinq lignes citron, sur les chênes, en juin et juillet.

### 327. **Velitaris**, Hfn.

Bois de chênes, Châteaudun, juin et juillet. — Rare ordinairement, mais assez abondante par certaines années.

Chenille d'un beau vert, avec une stigmatale continue d'un rouge carmin ; sur les chênes, en août et septembre.

Genre NOTODONTA.

*Les chenilles ont, pour la plupart, des bosses pyramidales sur les anneaux intermédiaires et redressent leur extrémité postérieure au repos. Les papillons ont les antennes pectinées, mais non jusqu'au sommet chez les mâles, filiformes chez les femelles ; l'abdomen long, la trompe nulle, les ailes supérieures un peu dentées, mais entières, avec la dent du bord interne velue et bien marquée.*

328. **Tremula,** Wv.

Grands bois de chênes, en avril et mai. — Jamais très-commune.

Chenille sans bosses, verte, avec des traits obliques latéraux jaunes; vit sur les chênes, en août, et principalement sur les trognes, au pied desquelles on trouve plus facilement la chrysalide.

329. **Tritophus,** Wv.

Sur les peupliers, en mai et août. — Rare. Une fois à Châteaudun.

Chenille rosée, à quatre bosses dorsales; vit sur les peupliers, en juillet et surtout en septembre.

330. **Dromedarius,** Lin.

Bois de chênes et de bouleaux. — Pas commune. Châteaudun, juin et août.

Chenille à cinq bosses dorsales, verte, à bande dorsale rouge; vit principalement sur le bouleau, en mai, puis septembre.

331. **Zic-zac,** Lin.

Bords des prés, aulnaies, en juin et août. — La moins rare du genre.

Chenille lilas, à partie postérieure renflée et à trois bosses dorsales, sur les peupliers et les marsaules, en juillet et septembre.

Nota. Toutes les espèces de ce genre et, en général, toutes les notodontides se recueillent bien plus aisément à l'état de chenille qu'à celui d'insecte parfait sur lequel on ne tombe guère qu'accidentellement; il vaut donc bien mieux diriger ses recherches de ce côté en battant à l'automne les chênes et les peupliers.

## Genre LEIOCAMPA, Stph.

*Les chenilles sont longues, lisses, luisantes, à 11ᵉ anneau seul relevé en bosse. Les papillons ont l'abdomen très-long, la tête presque cachée sous le thorax, toutes les ailes triangulaires, prolongées à un angle et un peu dentées; la dent du bord interne très-faible; ils ont presque l'aspect des Cucullia.*

### 332. **Dictæa**, Lin.

Commune sur les peupliers des prés et des routes, en mai et juillet.

Chenille verte ou carnée, très-luisante, sur les diverses espèces de peupliers, en juin et septembre.

### 333. **Dictæoides**, Esp.

Bois de bouleaux, en mai et août. — Rare dans tout le département.

Chenille brune, à stigmatale jaune, sur les aulnes et les bouleaux, en juin et octobre.

## Genre LOPHOPTERYX, Stph.

*Les chenilles sont fusiformes, luisantes, à pattes postérieures très-courtes, à 11ᵉ anneau relevé et surmonté d'un tubercule bifide et poilu. Les papillons ont les antennes simplement dentées dans les deux sexes, le thorax hérissé, et relevé en crête, la trompe presque nulle, les ailes dentées, avec la dent du bord interne bien développée; ils les relèvent en crête au repos.*

### 334. **Camelina,** Lin. (*La Crête-de-Coq*, Engr.)

Commune sur tous les chênes des bois et des haies de tout le département, en mai et août.

Chenille verte ou rose, à stigmatale jaune, coupée de points rouges; sur le chêne, l'orme, etc., en juin et octobre.

### 335. **Cucullina,** Wv.

Bois et haies, en juin. — Rare. Châteaudun.

Chenille verte ou rose, sans stigmatale et à 5e anneau relevé; vit en septembre et quelquefois en juin, sur l'érable.

### Genre PTEROSTOMA, Germar.

*Les chenilles sont fusiformes, raides, granulées, à dos aplati. Les papillons ont les palpes démesurément longs, les antennes pectinées dans les deux sexes, l'abdomen très-long et fourchu chez les mâles, les ailes supérieures fortement dentées et ayant une large dent au bord interne.*

### 336. **Palpina,** Lin.

Prés et bois de tout le département, en avril et août. — Pas rare.

Chenille d'un vert blanchâtre, à double ligne dorsale élevée; vit sur le saule, le peuplier et le tremble, en juillet et octobre.

### Genre PTILOPHORA, Stph.

*Les chenilles sont cylindriques et sans aucune éminence. Les papillons ont les antennes plumeuses et comme empanachées chez les mâles, moniliformes chez les femelles, le corps velu, l'abdomen assez court, point de trompe, les ailes étroites, un peu transparentes, les nervules 1' et 2' très-courtes après leur bifurcation. Aspect phaléniforme.*

### 337. **Plumigera,** Wv.

Haies et bois, en octobre. — Rare et ne se trouvant, à ma connaissance, qu'aux environs de Nogent-le-Rotrou.

Chenille verte, à deux lignes blanches dorsales écartées: vit exclusivement sur l'érable, en mai et juin. On la trouve en battant les buissons d'érable qui bordent les chemins creux du Perche.

## Legio **NOCTUÆ**, Lin.

*Les chenilles ont de 12 à 16 pattes, ne sont jamais franchement
arpenteuses, rarement velues, et vivent à découvert. Les papillons ont les ailes robustes, non plissées, à aréole non divisée,
le corps épais, mais généralement peu velu, les palpes labiaux
seuls distincts, deux stemmates, une trompe toujours visible,
les pattes longues, les postérieures à deux paires d'éperons.*

## Divis. TRIFIDÆ, Gn.

*Les papillons ont la nervule 1 (ou indépendante) des secondes
ailes isolée; leurs palpes n'ont point le dernier article très-long
ni spatulé; l'aréole des premières ailes est simple, mais con-
stante et bien fermée; les secondes ailes sont discolores.*

### Tribu **BOMBYCIFORMES**, Gn.

Les chenilles ont 16 pattes, leurs trapézoïdaux sont saillants
et le plus souvent garnis de verticilles de poils. Les papillons
ont la trompe et les palpes courts, les pattes non épineuses,
les ailes squammeuses. Les dessins des supérieures ne sont pas
communs aux inférieures.

#### Fam. **THYATYRIDÆ**, Gn.

Les chenilles relèvent leur partie postérieure comme les Notodontides; elles sont rases et vivent sur les ronces. Les papillons ont une trompe assez courte, le thorax velu, crété et
comme boursouflé, les antennes simples, les ailes entières, à
dessins élégants.

La famille ne renferme qu'un seul genre que les auteurs les plus modernes ont, sans grande nécessité, divisé en deux.

## Genre THYATHYRA, Och.

### 338. **Derasa,** Lin.

Bois et jardins, en juin. — Très-rare. Une seule fois à Châteaudun.

Chenille moniliforme, veloutée, rousse, à tête et cou très-petits; vit sur la ronce, en octobre.

Quoique cette chenille n'ait rien d'anormal dans sa forme, elle a un *facies* étrange et l'on serait tenté de la prendre pour une larve d'Hyménoptère.

### 339. **Batis,** Lin.

Çà et là dans les bois et les jardins, en juin. Châteaudun.

Chenille brune, à anneaux relevés en pyramide et une pointe bifide sur le 2e; vit sur les ronces, en octobre.

## Fam. **CYMATOPHORIDES,** Bdv.

Les chenilles sont rases, à peau fine et plissée, sans éminences, aplaties en dessous, à tête grosse; elles vivent renfermées dans des feuilles. Les papillons ont les antennes épaisses et veloutées, les palpes grêles, la trompe courte, le corps laineux, les ailes entières, à lignes nombreuses.

## Genre CYMATOPHORA, Treits.

### 340. **Flavicornis,** Lin.

Assez commune dans les bois, sur les troncs, en mars et avril.

Chenille jaunâtre, à points blancs et tête fauve; vit en mai, renfermée entre deux feuilles de bouleau.

341. **Ridens,** Fab.

Bois de chênes de tout le département, en avril et mai.

Chenille jaune, ponctuée de blanc, à tête fauve ; vit renfermée entre deux feuilles, sur le chêne, en juin.

342. **Or,** Wv.

Tronc des peupliers, en avril et mai. — Plus rare.

Chenille aplatie, verdâtre pâle, unie, à tête rousse et deux points noirs sur le cou ; vit renfermée entre les feuilles des peupliers, en juillet et août.

343. **Ocularis,** Lin.

Avenues de peupliers, sur les troncs, en mai. — Assez rare. Châteaudun.

Chenille aplatie, jaune, à tête fauve ; vit entre les feuilles des peupliers et des trembles, en août, septembre et octobre.

Fam. **BRYOPHILIDÆ,** Gn.

Les chenilles rases, courtes, cylindriques, à trapézoïdaux luisants et verruqueux, vivent de lichens. Les papillons sont petits, à antennes simples, à trompe courte et grêle, à abdomen crêté, à indépendante faible.

Petite famille bien tranchée que tous les auteurs modernes se sont obstinés, on ne sait pourquoi, à confondre avec les Acronyctides, quoiqu'elles n'aient guère de rapports entre elles. Elle renferme deux ou trois genres, dont un seul habite l'Europe.

Genre BRYOPHILA, Och.

344. **Ravula,** Hb.

Commune au crépuscule, sur les fleurs du tilleul, en juillet. Chartres, Châteaudun.

Chenille grise, avec des points noirs dorsaux et une ligne blanche coupée d'orangé ; vit en mai, sur les lichens des murs et se retire pendant le jour dans des trous qu'elle bouche avec un opercule de soie. — Commune autour de Chartres.

### 345. **Algæ,** Fab.

Jardins, parcs, bois, en juillet, troncs des arbres couverts de lichens. Vole au crépuscule. Varie extrêmement.

Chenille gris-verdâtre, à taches noires éclairées de blanc et tête noire; vit en mai et juin, sur les lichens, à l'aisselle des branches.

*Var.* CALLIGRAPHA, Bk. — A taches d'un jaune orangé. — Rare chez nous, plus commune dans le Midi.

### 346. **Glandifera,** Wv.

Murailles, ponts, rochers, de juillet à septembre. Vole le soir aux lumières.

*Var.* PAR, Hb. — A dessins perdus dans la couleur plus pâle du fond. — Aussi commune que le type.

Chenille gris-noir, à ligne dorsale et traits blancs; vit sur les lichens des pierres, en mai.

### 347. **Perla**, Wv.

Très-commune, à Chartres, Châteaudun, dans l'intérieur des villes, en juillet, attirée par les lumières des appartements. des illuminations, etc.

Chenille grise, à bande dorsale orangée, marquée de points noirs; vit avec la *Ravula*, même époque et mêmes mœurs.

<br>

### Fam. **ACRONYCTIDÆ,** Gn.

(BOMBYCOIDES. Bdv. Gn.. *Spec.*)

<br>

Les chenilles ressemblent à celles des Bombyx. Elles sont garnies de tubercules d'où partent des poils verticillés. Elles vivent à découvert sur les arbres ou les plantes basses. Les chrysalides ne sont pas enterrées. Les papillons ont les palpes courts, le thorax velu, les ailes épaisses et pulvérulentes.

Genre MOMA, Hb.

*Les chenilles ont du rapport avec les Liparides. Les papillons sont de couleurs vives avec de jolis dessins hiéroglyphiques noirs.*

On ne compte chez nous qu'une seule espèce, mais l'Amérique et l'Inde en fournissent plusieurs qui égalent ou surpassent la nôtre en beauté.

### 348. **Orion**, Esp.

Bois de chênes, en juin. — Moins commun chez nous que dans les départements du nord.

Chenille à larges taches dorsales jaunes, avec les verrues rousses; vivant sur le chêne, en août. Elle est aussi jolie que le papillon.

Genre ACRONYCTA, Och.

*Les chenilles varient à l'infini. Tantôt elles n'ont que des poils isolés, tantôt elles sont velues comme les Bombyx. Leurs formes ne varient guère moins que leur vestiture, et il en est de même de leur nourriture. Les papillons sont bombyciformes, à pattes courtes, à abdomen épais et velu, leurs ailes sont grises, à dessins noirs, nuageux, à frange entrecoupée.*

Le genre est abondant en espèces et habite tout le globe.

### 349. **Euphrasiæ,** Brahm.

Assez commune dans les lieux secs et couverts d'Euphorbes. S'accroche au tronc des arbres, en mai et juin, puis août. Varie beaucoup.

Chenille blanchâtre, avec de larges taches dorsales noires et un collier rouge; vit en juillet et octobre, sur plusieurs plantes basses, mais surtout sur l'*Euphorbia cyparissias*.

Je persiste à penser que l'*A. Euphorbiæ* ne forme qu'une même espèce avec celle-ci et que ce dernier nom doit lui être restitué. Ma *Myricæ* d'Ecosse et du nord de l'Angleterre pourrait bien n'en être également qu'une modification.

### 350. **Auricoma,** Wv.

N'était pas rare autrefois sur les troncs d'arbres dans les bois, en avril, puis juin. Dans tout le département.

Chenille noire, à verticilles de poils d'un beau roux, sur le bouleau, en mai, puis septembre.

NOTA. Une chenille extrêmement voisine de celle-ci et qui n'en diffère qu'en ce que la première moitié de ses tubercules est *blanche*, et que les poils sont d'un roux pourpré, habite les montagnes et est très-délicate à élever. Quoique je l'aie nourrie plusieurs fois, je n'ai pu obtenir son papillon bien authentique. Je crois pourtant, d'après certaines données, qu'il constitue une *Acronycta* toute différente.

### 351. **Rumicis,** Lin.

Commune dans les champs, les jardins, les prés, etc., en mai et août.

Chenille velue, mordorée, avec des taches rouges et blanches, sur toutes les plantes basses, mais surtout sur le *Polygonum aviculare*, en juin et septembre.

### 352. **Ligustri,** Wv.

Petits bois, jardins clos de haies, en mai, puis août. — Pas très-commune. La chenille n'est pas rare certaines années à Châteaudun.

Chenille d'un vert uni, transparent, n'ayant que des poils isolés; sur le troëne, en juin, puis septembre.

### 353. **Megacephala,** Wv.

Avenues, prés, bois, etc., sur le tronc des peupliers, en mai.

Chenille grise, à grosse tête noire et poils blancs rares et soyeux; vit entre des feuilles sur les peupliers, trembles, bouleaux, etc., en août et septembre.

### 354. **Leporina,** Lin.

Avenues de peupliers, bordures des prés, sur les troncs, en mai. — Pas très-commune.

Chenille verte, à poils blancs très-longs ; vit sur le peuplier, l'aulne, etc., en octobre. C'est la chenille la plus velue que l'on connaisse. Elle est tellement enveloppée de ses poils que Engramelle l'a nommée *le Flocon-de-laine*.

La variété saupoudrée d'atômes noirs, *Bradyporina*, Treits., se trouve quelquefois chez nous.

### 355. **Aceris,** Lin.

Promenades plantées en marronniers, jardins, bois. — Assez commune sur les troncs, en mai et juin.

Chenille jaune, avec de longs pinceaux de poils, mêlés de rose et des taches blanches dorsales, principalement sur le marronnier d'Inde, en juillet [1].

### 356. **Psi,** Lin.

Bois, jardins, boulevards, haies, en mai et juin.

Chenille à bande dorsale d'un jaune-citron, interrompue par un tubercule noir ; vit sur l'épine, le prunellier, l'orme, les arbres fruitiers, etc., en juillet.

### 357. **Cuspis,** Hb.

Mêmes localités que *Psi*, mais plus rare. Châteaudun. Bois Saint-Martin.

Chenille pareille à *Psi*, mais avec le tubercule du 4e anneau plus court et surmonté d'un long pinceau de poils ; vit principalement sur l'aune, en septembre.

### 358. **Tridens,** Wv.

Jardins, bords des prés. — Pas plus rare que la *Psi*, en mai.

Chenille noire, à dessins rouges et blancs, sur les saules, principalement en juillet et août.

---

[1] Elle mérite d'être comptée au nombre de nos ennemis par les ravages qu'elle fait dans les jeunes plantations de nos promenades. Elle dépouille souvent des lignes d'arbres entières de leurs feuilles encore tendres et arrête leur développement. Point d'autre remède que de secouer vigoureusement chaque sujet et d'écraser les chenilles qui en tombent ; mais ce remède est aussi peu pratiqué que facile.

## Genre SIMYRA, Och.

*Les chenilles vivent de plantes basses. Elles ont des tubercules*
*à poils verticillés. Les papillons ont les antennes et les palpes*
*courts, point de trompe, le thorax velu et l'abdomen des mâles*
*court, les ailes blanches farineuses, à dessins linéaires peu dis-*
*tincts.*

### 359. **Venosa,** Bork.

Prés marécageux. Auneau, Châteaudun, Senonches. Juin.
— Jamais commune.

Chenille grise, avec deux lignes et des verrues jaunes ;
vivant en juillet, sur les *Carex, Iris, Rumex,* etc.

---

## Tribu II. GENUINÆ, Gn.

*Les chenilles sont rases, jamais arpenteuses, et à 16 pattes*
*bien complètes, sans éminences. Elles ne vivent jamais en fa-*
*milles. Les papillons ont les palpes bien développés, le corps*
*robuste, les ailes supérieures épaisses, la nervure indépen-*
*dante point ou à peine distincte.*

Elle comprend l'immense majorité des Noctuelles de nos
pays.

### Fam. LEUCANIDÆ, Gn.

Les chenilles sont rases, lisses, peu colorées, et vivent surtout
de graminées et de cypéracées. Les papillons ont l'abdomen
lisse, les ailes de couleurs pâles, à lignes et taches peu distinctes.

Famille très-nombreuse, habitant tous les pays du globe,
uniforme partout, curieuse, mais peu remarquable pour les couleurs. Elle se divise en deux groupes, dont l'un vit à découvert
sur les graminées, et l'autre renfermé dans l'intérieur des tiges.

Genre LEUCANIA, Och.

*Les chenilles sont finement rayées en longueur et vivent de graminées, non renfermées. Les papillons ont l'abdomen court, les ailes de couleurs pâles, la trompe bien développée.*

Genre nombreux et habitant partout comme les plantes qui le nourrissent; certains mâles ont un bouquet de poils noirs sous l'abdomen, et en outre le dessous des secondes ailes luisant et comme argenté. Chez certaines espèces exotiques cette couleur devient tout à fait métallique et d'un éclat extraordinaire. Les chenilles sont très-difficiles à distinguer entre elles.

360. **Vitellina,** Hb.

Châteaudun. — Toujours rare, préfère les années chaudes. Juin et septembre.

Chenille à dessins très-nets, la vasculaire sur une bande noire, sous-dorsale double, stigmates noirs, etc.; vit en mars et avril, puis en octobre, sur les graminées des prés et des champs.

361. **Lithargyria,** Esp.

Bois secs, jardins, prés, broussailles, de juillet à septembre. — Toujours plus rare que la suivante, mais aussi répandue.

Chenille jaune-nankin, à fines lignes brunes et rougeâtres; en avril et mai, sur les graminées.

362. **Albipuncta,** Wv.

Bois. — Très-commune, en septembre, sur les bruyères. Paraît aussi en juin.

Chenille gris-carné, à fines lignes; sur toutes les graminées, en mars, avril, mai. C'est la chenille la plus commune du genre et la plus facile à élever.

363. **Obsoleta,** Hb.

Prés humides, en juin. — Commune à Châteaudun, sur les bords du Loir.

Chenille gris-jaunâtre, avec des lignes fines; vit en mai, sur l'*Arundo phragmites*. A l'arrière-saison, la chenille se retire dans les tiges coupées et y passe l'hiver entre deux planchers de soie mêlés d'excréments.

### 364. **L Album,** Lin.

Jardins, en septembre, sur les raisins. Chartres, Châteaudun.

Chenille grise, à fines lignes noires et stigmatale claire; vit sur les graminées et même d'autres plantes basses, en avril, puis en juin. Cette chenille est rare, quoique le papillon soit répandu. Elle est plus commune dans le midi.

### 365. **Pallens,** Lin.

Très-commune dans les champs, sur les luzernes, etc., en juin, puis septembre. C'est la plus commune des *Leucania*.

*Var.* Rufescens, Haw.

*Var.* Ochracea, Wood.
Se trouve avec le type quoique plus rarement.

Chenille d'un gris-jaunâtre, à incisions carnées et stigmates noirs; vivant sur les graminées, dans les luzernes et les avoines, en mars, puis fin juillet; se cache sous les *andains* dans les prairies.

### 366. **Impura,** Hb.

Prés marécageux. Bords du Loir et de la Conie, juin.

Chenille d'un gris-rosé, saupoudrée de noirâtre, avec des lignes dont deux rousses; vit en avril, sur les graminées des prés humides; se cache sous les *Carex* et les feuilles tombées.

### 367. **Straminea,** Tr.

Prés humides, en juin. Bords du Loir. — Très-rare.

Chenille allongée, jaunâtre, à lignes très-fines, rousses; vit en mars, sur les *Carex, Arundo*, etc.

12

368. **Pudorina**, Wv.

>Prés marécageux. Saint-Mamès, Roinville-sous-Auneau.
>Juillet. — Rare.

>Chenille épaisse, d'un carné jaunâtre, à lignes bien
>nettes, et trapézoïdaux bien marqués, surtout les anté-
>rieurs; vit en mars et avril, sur les graminées.

Les auteurs disent qu'elle préfère les lieux secs. Pour moi je
ne l'ai jamais trouvée que dans les endroits marécageux; elle
est souvent piquée.

369. **Comma**, Lin.

>Prés, en juin et juillet. Fontenay-sur-Eure, Châteaudun.
>— Pas commune.

>Chenille d'un gris-vineux, avec le ventre plus clair et la
>tête rousse; vit en avril et mai, sur les plantes basses.
>( Kléemann.)

Genre SYNIA, Dup.

*Les chenilles sont inconnues. Les papillons ont le thorax hé-*
*rissé, les antennes simples, la trompe courte, l'abdomen lisse,*
*les dessins des ailes incertains.*

370. **Musculosa**, Hb.

>Châteaudun, en juillet. — Extrêmement rare. J'en ai pris
>un seul exemplaire sur une tige de *Verbascum*.

Cette rare espèce était réputée méridionale; mais elle a été
trouvée il y a quelques années en Angleterre et tout récemment
ici par moi. La chenille pourrait bien être endophyte.

Genre NONAGRIA, Och.

*Les chenilles pâles et décolorées, allongées, cylindriques,*
*vivent dans l'intérieur des graminées et des cypéracées qu'elles*

*percent de trous pour entrer et pour sortir. Elles s'y changent aussi en chrysalides. Les papillons ont l'abdomen long, le front bombé, les palpes droits, les ailes oblongues, à dessins mal ex-primés.*

### 371. **Typhæ,** Esp.

Bords des étangs et des rivières, en septembre. Vole peu.

Chenille très-longue, vermiforme, incolore; vit dans les tiges du *Typha latifolia*, en juin et juillet. Commune là où est la plante.

### 372. **Geminipuncta,** Hatch. (*Paludicola*, Hb., Gn.)

Bords des rivières où croît l'*Arundo phragmites*, en août.

Chenille blanchâtre, à trapézoïdaux noirs, dans les tiges de la plante ci-dessus. — Commune sur les bords du Loir.

Nota. Il est probable que la *Non. Sparganii* et peut-être la *Cannæ* se trouvent dans notre département; mais je ne les y ai pas encore ren-contrées.

### Fam. **GORTYNIDÆ,** Dup.

Les chenilles épaisses, à trapézoïdaux verruqueux, vivent dans l'intérieur des plantes ou dans leurs racines. Les papillons femelles ont l'abdomen très-épais, les ailes de couleurs vives et à dessins bien marqués.

Les espèces exotiques, et surtout les américaines, ont les plus grands rapports avec les nôtres.

### Genre GORTYNA.

*La chenille vit dans l'intérieur des tiges à la manière des Nonagria. Le papillon a les palpes courts, ascendants, l'abdo-men allongé, les ailes avec toutes les lignes et taches, même la claviforme, bien marquées.*

373. **Flavago,** Wv.

Alentours des fermes, près des bois. — Assez rare. Août et septembre.

Chenille vermiforme, grise et rougeâtre, à tubercules noirs; vit dans l'intérieur des tiges de l'yèble, de la bardane, du bouillon-blanc, etc., en juin et juillet.

Genre HYDROECIA, Gn.

*Les chenilles vivent dans des galeries qu'elles se creusent dans les racines des plantes aquatiques. Les papillons ont les palpes droits, le thorax carré, l'abdomen conique, les ailes à lignes et taches bien marquées, mais non la claviforme.*

374. **Micacea,** Esp.

Bords des marais et des rivières. Fontenay-sur-Eure, en août. — Rare.

Chenille vermiforme, gris-roussâtre; vivant dans les racines des cypéracées, en mai et juin.

375. **Fibrosa,** Hb.

Prés, marais, jardins, sur le bord des eaux, en juillet et août. Châteaudun.

*Var.* Leucostigma, Hb.

Chenille grise, vermiforme, à trapézoïdaux luisants; vit tantôt dans les tiges de l'*Iris pseudo-acorus* et plus souvent dans les racines de différentes plantes aquatiques, en mai et septembre.

376. **Nictitans,** Lin.

Bois et jardins, en août. — Pas très-rare, à Châteaudun. Vole sur les fleurs de lavande.

*Var.* Erythrostigma (la tache réniforme orangée), aussi commune que le type.

Chenille mal connue. Elle doit vivre également dans les racines des plantes, mais je ne crois pas qu'il faille la chercher au bord des eaux.

## Fam. **APAMIDÆ.**

Les chenilles, de couleurs sales, à écussons cornés, vivent cachées. Les papillons ont les antennes crénelées ou ciliées, les palpes assez courts, l'abdomen long, les ailes à dessins bien marqués ; la ligne subterminale brisée et suivie de foncé.

### Genre MIANA, Stph.

*Les chenilles lisses, luisantes et presque vermiformes, vivent dans les feuilles engaînantes des graminées. Les papillons sont petits, à thorax et abdomen crêtés, à ailes entières, à taches bien distinctes, mais concolores.*

377. **Latruncula,** Wv.

Commune au crépuscule, sur les fleurs du tilleul, de la valériane, etc., en mai et juin, puis août.

Chenille d'un gris-vineux, à lignes verdâtres, dans les tiges des graminées, en mars et avril.

378. **Strigilis,** Lin.

Mêmes localités et époques, mais beaucoup plus rare ici.

Chenille mal connue, vivant avec la précédente. Je crois qu'on a eu tort de réunir ces deux espèces. Quelques expériences (qui toutefois sont à répéter) semblent le prouver.

379. **Furuncula,** Wv.

Champs et bois secs, en août. — Souvent commune dans les années chaudes, à Chartres et à Châteaudun.

Chenille inconnue. Il est évident qu'elle vit comme les précédentes et qu'il faut la chercher dans les mêmes conditions ; peut-être a-t-elle été confondue avec elles.

Genre APAMEA, Och.

*Les chenilles luisantes, à trapézoïdaux noirs, à lignes très-nettes, vivent cachées dans les tiges coupées, entre les épis, etc. Les papillons sont de taille moyenne, de couleurs sombres, à dessins tranchés, l'espace subterminal séparé en deux teintes foncées.*

### 380. **Unanimis,** Tr.

Prés et jardins humides, en mai et juin. Châteaudun. Bords du Loir.

Chenille testacée, à trapézoïdaux noirs, mais petits et non verruqueux; vit en mars, sur les graminées, au bord des eaux et se cache dans les tiges coupées de l'*Arundo phragmites,* parfois même dans les joncs.

### 381. **Oculea,** Lin.

Jardins, haies, prairies, en juillet et août. — Vole abondamment autour des cerisiers et autres arbres. Varie à l'infini.

Chenille un peu luisante, d'un blanc verdâtre, ou d'un vert sale, à lignes rougeâtres; vit fin avril, sur les graminées. (Treits.)

### 382. **Basilinea,** Wv.

Commune sur les luzernes et sainfoins, en mai et juin.

Chenille épaisse, d'un gris carné, à lignes claires et points luisants; vit d'abord dans les épis des céréales, et plus tard dans les racines [1].

[1] J'ai le premier fait connaître en détail les mœurs de cette espèce nuisible à l'agriculture dans le *Species général* (tom. V, p. 205), et je suis obligé d'y renvoyer mes lecteurs. Je dirai seulement ici que l'espèce en question est ce *ver* qui tombe par centaines des gerbes de blé quand on les décharge sur l'aire après la moisson, mais il serait trop tard de la détruire à cette époque où tous ses dégats sont accomplis. C'est dans sa jeunesse qu'elle attaque les épis en voie de formation, et elle vit si bien cachée que toutes les recherches seraient impuissantes.

### Genre LUPERINA, Bdv.

*Les chenilles livides et vermiformes vivent cachées dans les racines. Les papillons ont l'abdomen lisse, les pattes non épineuses, les ailes subdentées, avec la réniforme tachée de brun inférieurement.*

### 383. **Testacea**, Wv.

Routes, avenues, bords des champs, en mai, puis en septembre. — Assez rare chez nous.

Chenille mal connue; vivant à la racine des graminées ou des plantes basses.

### Genre CERIGO, Stph.

*La chenille est épaisse, rase, sans points verruqueux, à lignes sombres, et vit sur les graminées, cachée à leur base. Le papillon a le thorax crêté, mais l'abdomen presque lisse, les ailes larges, épaisses; les inférieures jaunes à bordure brune.*

### 384. **Matura**, Natf. (*Cytherea*, Fab.)

Terrains secs, pentes gazonnées, en août.

Chenille testacée, avec les trois premiers anneaux et les côtés d'un brun de bois; vit sur les graminées pendant tout l'hiver et au premier printemps.

### Genre MAMESTRA, Och.

*Les chenilles sont allongées, de couleurs livides et vivent cachées sous les plantes basses. Les papillons ont les antennes simples, les palpes courts et épais, les ailes épaisses, squammeuses et nébuleuses.*

385. **Albicolon**, Sepp.

> Prés et jardins, en juin. Châteaudun, prés bordant le Loir. — Rare.
>
> Chenille inconnue.

386. **Brassicæ**, Lin.

> Jardins et plantations, en mai et juin. — Commune partout.
>
> Chenille grise, verte ou noirâtre, avec la stigmatale jaune clair et des traits dorsaux; vit sur une foule de plantes, mais principalement sur le chou [1].

387. **Anceps**, Hb. (*Infesta*, Och.)

> Très-commune, sur les luzernes, en mai et juin.
>
> Chenille grise, à trapézoïdaux noirs, vivant à la racine des plantes basses. (Treits.)

Genre XYLOPHASIA, Stph.

*Les chenilles sont luisantes, vermiformes, à points tuberculeux, et vivent de racines. Les papillons ont les ailes oblongues, denticulées, à dessins longitudinaux, et l'abdomen long et crêté.*

Genre très-net et facile à reconnaître. Il est nombreux aussi dans l'Amérique septentrionale.

388. **Rurea**, Fab.

> Bois, en juin et juillet. — Pas très-commune dans le département.
>
> Chenille foncée, vermiforme, à lignes assez marquées; vit en mars et avril, sur les plantes basses.

---

[1] C'est encore une ennemie acharnée des jardiniers, qui l'appellent *Ver-de-cœur*; elle pénètre en effet jusqu'au fond de la pomme des choux, où on la trouve souvent au nombre de 4 à 5 individus. Les remèdes proposés contre elle, la suie, la cendre, la chaux délitée ne l'atteindraient guères dans sa retraite. Les poules savent mieux la trouver quand on leur permet l'accès des jardins.

**389. Lithoxylea**, Wv.

Bois, jardins, prairies, en juin et juillet. — Elle n'est pas rare par certaines années, et vole au crépuscule.

Chenille encore inconnue et qu'il serait à propos d'élever d'œufs.

Je n'ai jamais trouvé dans notre département la *Sublustris*, qui se rapproche pourtant beaucoup de la précédente, mais constitue évidemment une espèce.

**390. Polyodon**, Lin.

Cours, jardins, bois, lieux habités, en juin et juillet. — Assez commune partout.

Chenille grasse, vermiforme, luisante, grise, à trapézoïdaux noirs, gros et luisants; vivant de racines d'herbes et se cachant sous les pierres. Avril et mai.

**391. Hepatica**, Lin.

Bois, à Châteaudun. — Rare. Juin.

Chenille voisine de *Polyodon*, mais plus foncée, plus rougeâtre, à stigmatale carnée; vit, en hiver, des racines des graminées et des plantes basses. Se trouve çà et là à Châteaudun.

Genre DIPTERYGIA, Stph.

*La chenille n'est pas vermiforme et vit de feuilles. Le papillon a le thorax carré, l'abdomen crêté, les ailes ont une dent profonde à l'angle interne.*

**392. Pinastri**, Lin.

Prés et jardins, en juin et juillet. — Rare.

Chenille brun-café, à stigmatale claire; vit d'août en octobre, sur les *Rumex*.

## Genre XYLOMYGES, Gn.

*Les chenilles sont veloutées, non vermiformes, et vivent sur
les plantes basses, mais nullement de leurs racines. Les papillons ont l'abdomen court et obtus, le thorax carré, les pattes
courtes, les premières ailes oblongues, à dessins longitudinaux;
les secondes courtes et demi-transparentes.*

La plupart des espèces sont américaines et on n'en trouve
qu'une seule en Europe.

### 393. **Conspicillaris,** Wv.

Parcs, boulevards, en avril et mai. — Répandue partout.

Chenille rougeâtre, marbrée, à trapézoïdaux noirs et
blancs; vit sur les plantes basses, les *Genista*, *Lotus*, etc.,
en juillet. On la prend facilement dans sa jeunesse en fauchant dans les allées herbues.

## Genre LAPHYGMA, Gn.

*Les chenilles sont assez courtes, moniliformes, à tête petite;
elles vivent sur les plantes basses et fourragères. Les papillons
sont petits, à antennes simples, à corps grêle, à thorax lisse, à
abdomen conique, leurs ailes inférieures sont un peu transparentes et irisées.*

### 394. **Cubicularis,** Wv.

Commune dans tout le département, en mai et juillet.
Varie beaucoup.

Chenille testacée, saupoudrée, à trapézoïdaux très-fins
placés sur un espace sans atomes, à tête et stigmates
noirs; vit en septembre et octobre, sur les *Vicia*, *Leontodon*, etc. [1]

---

[1] Faut-il la compter au nombre des espèces nuisibles à l'agriculture ?
La vérité est que je l'ai recueillie *par milliers* dans des gerbes mêlées de

Fam. **CARADRINIDÆ,** Bdv.

Les chenilles sont paresseuses, courtes, grises, garnies de petits poils raides et isolés, elles vivent sur les plantes basses. Les papillons sont petits, à abdomen court et lisse, à ailes entières, polies, grises, à dessins très-fins, la coudée formant une rangée de points.

### Genre ACOSMETIA, Stph.

*La chenille est inconnue. Le papillon a la trompe très-courte, le corps très-grêle, l'abdomen effilé, les ailes luisantes et soyeuses, les inférieures très-développées.*

### 395. **Caliginosa,** Hb.

Bois humides, en juin. Chartres, forêt de Bailleau. Châteaudun, bois Saint-Martin. — Rare.

### Genre CARADRINA, Och.

*Les chenilles ont la tête petite et les trapézoïdaux garnis de poils courts et recourbés. Elles vivent cachées sous les plantes basses, les feuilles sèches, le gravier, etc. Les papillons sont gris, à dessins nets, mais fins, à antennes non pectinées, à abdomen terminé en pinceau élargi.*

### 396. **Morpheus,** Hfn.

Jardins, prés, plantations, en juillet. Vole sur les fleurs du tilleul. — Pas très-rare à Châteaudun.

seigle et de vesce d'hiver à leur entrée dans les granges. Elle vit, du reste, constamment enterrée comme les *Agrotis*, et si elle fait du tort aux récoltes, ce n'est que dans les premiers temps de son existence, comme la *Basilinea*.

Chenille grise, à chevrons noirâtres, et stigmatale claire; vivant sur les fleurs du *Dipsacus fullonum*, en octobre et novembre. (Sepp.)

### 397. **Alsines,** Bk.

Répandue partout, prés, champs, jardins, etc., en juillet.

Chenille testacée, avec des traits obliques et deux lignes sous-dorsales parallèles, sur les *Rumex*, *Plantago*, etc., en avril.

C'est la plus commune du genre.

### 398. **Blanda,** Wv.

Plus rare. Mêmes localités et époques.

Chenille, avec les sous-dorsales divergentes, vivant comme la précédente.

### 399. **Ambigua,** Wv.

Très-commune dans les jardins au crépuscule, en juillet et août.

Chenille moins courte que les précédentes, avec des dessins chevronnés, les côtés noirâtres et les stigmates noirs; vit en mars, sur les plantes basses.

Genre GRAMMESIA, Stph.

*La chenille est courte, élargie, aplatie en dessous et presque onisciforme. Le papillon a les ailes sans autres dessins que des lignes droites.*

### 400. **Trigrammica,** Hfn. (*Trilinea*, Wv.)

Champs, petits bois. — Partout, mais non abondante, en mai et juin.

Chenille d'un gris foncé, avec des traits obliques, et le premier anneau rougeâtre; vit en septembre et octobre, sur les plantains.

Fam. **EPISEMIDÆ**, Gn.

Les chenilles sont épaisses, cylindriques, à dessins tranchés, et vivent cachées sous les feuilles. Les papillons ont les antennes fortement pectinées jusqu'au sommet, le thorax hérissé, les pattes velues. Leur aspect est bombyciforme.

### Genre RUSINA, Stph.

*La chenille est très-veloutée, à tête petite et luisante, et vit en hiver, sur les plantes basses. Le papillon a les ailes entières, lisses, sombres, l'aréole triangulaire, les pattes velues, mais non épineuses.*

### 401. **Tenebrosa**, Hb.

Elle n'est pas rare à Châteaudun, en juillet, sur les fleurs du tilleul.

Chenille ferrugineuse, à chevrons et côtés plus foncés; vit principalement sur les violettes et passe tout l'hiver cachée dans les touffes d'herbe ou de bruyère.

### Genre PACHETRA, Gn.

*La chenille veloutée et chatoyante, à pattes courtes et à grosse tête, vit cachée au pied des graminées. Le papillon est épais, il a le thorax large et carré, l'abdomen crêté, les ailes subdentées.*

### 402. **Leucophæa**, Wv.

Se trouve çà et là contre le tronc des arbres dans les bois, en juin.

Chenille grise, à vasculaire jaune; vit sur les graminées dans les allées des bois, en octobre.

## Genre EPISEMA.

*Les chenilles sont épaisses, fusiformes, à tête luisante et stig-
mates noirs; elles se cachent dans la terre. Les papillons ont
l'aspect bombyciforme, les palpes courts, la tête et le thorax
hérissés, l'abdomen épais, les ailes veloutées, avec les taches
ordinaires très-larges.*

403. **Trimacula,** Wv.

*Var.* Hispana, Bdv.

Champs secs. Berchères-les-Pierres, en septembre. —
Rare.

Chenille d'un gris-violâtre, à lignes peu visibles, à tête
et écussons noirs luisants; vit en mai sur le *Muscari race-
mosum.* (Dorfmeister.)

## Genre HELIOPHOBUS, Bdv.

*Les chenilles sont fusiformes, luisantes, à lignes très-nettes,
et vivent cachées à la racine des plantes. Les papillons sont
bombyciformes, à antennes largement pectinées, même au sommet, à palpes courts, à trompe rudimentaire, à ailes veloutées,
à nervures claires.*

404. **Popularis,** Fab.

Petits bois secs, jardins, en août et septembre.

Chenille bronzée, à lignes claires et stigmates noirs; vit
à la racine des plantes basses, en avril et mai. Aime à se
rouler en hélice.

## Fam. **NOCTUIDES**, Gn.

Les chenilles, généralement de couleur terne et souvent transparentes, vivent cachées soit dans la terre, soit parmi les ra-

cines. Elles ne filent pas de coques. Les papillons ont les antennes pectinées ou ciliées, les pattes robustes, à tibias antérieurs épineux, l'abdomen jamais crété, les ailes lisses ou luisantes, les supérieures oblongues, recouvrant les inférieures et souvent même croisées et disposées en toit très-aplati.

Famille nombreuse et habitant tout le globe : les espèces exotiques très-semblables aux nôtres. Les espèces nuisibles y sont nombreuses, ou plutôt presque toutes sont nuisibles à cause de leur travail souterrain. Ce sont elles dont les jardiniers trouvent les chrysalides en bêchant et il est à propos de les détruire ou de les donner aux volailles qui en sont très-friandes.

### Genre AGROTIS, Och.

*C'est à cet immense genre que s'appliquent les caractères de la famille. Je donnerai les différences aux genres suivants. Les chenilles ont les points trapézoïdaux cornés et luisants.*

**405. Crassa, Hb.**

Champs et jardins, en juillet et août. Vole au crépuscule. — Pas très-commune.

Chenille très-épaisse, grise, à trapézoïdaux noirs et vasculaire géminée ; vit en mai à la racine des graminées.

**406. Puta, Hb. ( Var. Renitens, Hb.)**

Vole sur les fleurs de bruyères, en août. — Châteaudun. Chenille inconnue.

**407. Suffusa, Wv.**

Sur les fleurs du lierre, en septembre et octobre. — Pas rare et toujours bien fraîche. C'est, avec la suivante, la plus grande *Agrotis* du département.

Chenille mal connue. Treitschke dit qu'elle est verte et unie, je n'en crois rien.

**408. Saucia, Hb.**

Champs, prés, jardins, en juin et septembre. — Pas très-rare.

*Var.* Æqua, Hb.

Plus commune chez nous que le type.

Cette espèce et sa variété se retrouvent sans variation dans les deux Amériques.

Chenille ressemblant à celles des *Noctua*, grise, avec des losanges dorsales et une vasculaire marquée d'un point blanc sur les 4ᵉ, 5ᵉ, 6ᵉ et 7ᵉ anneaux; vit en mai à la base des plantes basses.

### 409. **Segetum,** Wv.

Champs et jardins, très-commune partout.

*Var.* Testacea, Engr.

*Var.* Segetum, Hb.

Chenille grise, à trapézoïdaux luisants; vivant dans la terre à la racine de tous les plantes, en avril, mai et juin [1].

### 410. **Exclamationis,** Lin.

Extrêmement commune partout, en juin et juillet.

Chenille très-semblable à la précédente, et vivant comme elle au printemps et en automne [1].

### 411. **Corticea,** Wv.

Vole sur les fleurs du tilleul, fin juin et juillet. — Elle est, par certaines années, aussi commune à Châteaudun que la *Segetum*.

Chenille semblable à celle de l'*Exclamationis*, mais plus cylindrique et à trapézoïdaux plus petits; vit en mai dans la terre.

---

[1] Enveloppons ces deux insectes malfaisants dans la même réprobation. Les chenilles, qui se ressemblent extrêmement, vivent très-cachées et enterrées et dévorent indistinctement toutes les racines dans les champs et les jardins; elles causent, sur une plus petite échelle, les mêmes dégâts que les larves du hanneton dont elles ont la manière de vivre. Les jardiniers les trouvent fréquemment en bêchant, soit à l'état de larves, soit à celui de chrysalides. L'*Exclamationis* surtout est si abondante à l'état parfait qu'il y a lieu de s'étonner que sa chenille ne fasse pas de plus grands ravages. Il est vrai que sa croissance est très-lente et qu'elle mange peu à la fois. Point de remède empyrique ni préventif.

**412. Nigricans,** Lin.

Prés, haies, jardins. Vole autour des buissons *puceron-
nés* et des arbres à fruits rouges, en juillet et août. — Ne
se montre pas tous les ans.

*Var.* Rubricans, Esp.

Chenille à moi inconnue. Treitschke dit qu'elle ressemble
à la *Tritici,* et vit en mai et juin dans la terre.

**413. Obelisca,** Wv.

Bois, fleurs de la bruyère, en août. — Commune partout.

Chenille grise, à région latérale plus foncée, à trapézoïdaux fins et non verruqueux; vit d'avril à juillet à la
racine des plantes et enterrée.

*Var.* Ruris, Hb.

*Var.?* Villiersii, Gn., moins commune et toujours plus
grande que le type.

J'ai obtenu cette *Agrotis* de la chenille ci-dessus décrite; mais
elle ne m'a pas donné l'*Obelisca* proprement dite, mais seulement la *Villiersii* et la var. *Ruris.* En outre, mes chenilles pa-
raissaient former deux races différentes. La lumière n'est donc
pas faite encore sur ces espèces ou variétés.

**414. Aquilina,** Wv.

Haies, champs, jardins, etc., en juillet et août. — Très-
commune par certaines années, très-rare dans d'autres.

Chenille voisine de la *Segetum* et vivant de même [1].

*Var.* Vitta, Esp.

*Var.* Unicolor, Hb.

Nota. Je n'ai jamais trouvé dans le département l'*A. Tritici,* que certains entomologistes considèrent comme simple modification de celle-ci.

---

[1] Cette chenille, assez rare chez nous, a causé beaucoup de dégâts à
Vienne en Autriche, en 1833 et 1834, dans les vignes dont elle dévorait
les feuilles et les bourgeons.

13

415. **Agathina**, Dup.

Bois, sur les fleurs de la bruyère, en août. Châteaudun.
— Rare.

Chenille grise ou olivâtre avec toutes les lignes claires
bordées de noir; vit sur la bruyère, en octobre.

416. **Molothina**, Esp.

Grands bois, sur la bruyère. Forêt de Bailleau. — Très-
rare.

Chenille inconnue.

417. **Porphyrea**, Wv.

Bois, sur les bruyères, en juillet.

Chenille très-jolie, rougeâtre, à vasculaire blanche,
guttiforme; vit en février, au milieu des touffes de la
bruyère. — Varie extrêmement.

418. **Ravida**, Wv.

Jardins, intérieur des habitations, en juin. — Pas rare à
Châteaudun.

Chenille grise avec des dessins guttiformes plus clairs;
sur le pissenlit, le plantain, etc., en avril.

419. **Pyrophila**, Wv.

Jardins, sur les fleurs de la Valériane officinale, en juin.
— Assez commune autrefois à Châteaudun; très-rare maintenant.

Chenille gris-brun; vivant en avril, à la racine des graminées et des plantes basses. (Treits.)

Genre HIRIA, Dup.

*La chenille est semblable aux* Noctua *et vit dans le cœur des
plantes qui conservent de la verdure en hiver. Le papillon a les
palpes longs et droits, les ptérygodes écartées, à double crête,
les pattes fortement épineuses, les ailes jaunes, à bordure noire.*

Ce genre ne contient qu'une espèce qui tient à la fois des *Agrotis* et des *Triphæna*.

### 420. **Linogrisea,** Wv.

Bois frais, carrières, etc., en juin. Châteaudun. — Ne varie pas.

Chenille vineuse, à taches noires; vit, en février et mars, sur les plantes alors vertes.

### Genre TRIPHÆNA, Och.

*Les chenilles ont les lignes distinctes et surmontées de taches noires; elles vivent sur les plantes basses, sans s'enterrer. Les papillons ont les antennes simples, le thorax lisse et arrondi, l'abdomen aplati, les premières ailes longues et fortement croisées l'une sur l'autre, les secondes très-développées, jaunes à bordure noire.*

Genre peu homogène, quoique l'aspect des papillons soit semblable.

### 421. **Janthina,** Wv.

Bois, haies, charmilles, en juin et juillet. Vole rapidement autour des arbres vers cinq heures du soir. — Ne varie pas.

Chenille gris-violâtre, avec une petite tache blanche derrière le 9e stigmate; vit en mars et avril dans les haies, sur les *Rumex* et surtout sur l'*Arum maculatum*; monte parfois, le soir, au sommet des haies.

### 422. **Fimbria,** Lin.

Bois, fin de juin. — Belle espèce qui n'est rare nulle part.

Chenille grosse, ocracée, sablée, à taches noires stigmatales; vit en mars et avril, sur les primevères.

*Var.* Solani, Fab. (*Verte.*)

*Var....* (*Rouge-brique.*)

### 423. **Interjecta**, Hb.

Champs, broussailles, haies, en juillet. — Ne varie pas.

Chenille couleur d'os, à stigmatale surmontée de noirâtres et trapézoïdaux noirs; vit en avril et mai, dans les broussailles basses. Facile à trouver en secouant les bourrées d'ajoncs où elle se retire, en compagnie de l'*Orbona*.

### 424. **Orbona**, Fab.

Partout, de juin à août. Varie beaucoup. Se fourre dans les feuillures des volets et des portes.

Chenille grise, à bande latérale foncée et chevrons dorsaux; vit, polyphage, en avril et mai. Très-facile à élever.

### 425. **Subsequa**, Wv.

Jardins, haies, petits bois, de juin à septembre. — Plus rare que la précédente et variant presque autant qu'elle, mais toujours facile à distinguer à ses deux taches noires apicales.

Chenille d'un brun-jaunâtre, à sous-dorsales bordées de traits noirs; vit dans les bois secs de graminées et de plantes basses, en mai. Se cache sous les pierres.

### 426. **Pronuba**, Lin.

Très-commune partout, de juillet à octobre. Vole le jour par échappées et s'abat dans les broussailles.

Chenille épaisse, verte, grise ou noirâtre, à lignes noires interrompues; vit, polyphage, en mai et juin [1].

---

[1] Un des fléaux des jardins, non qu'elle vive par grandes masses, mais elle se trouve partout et attaque toutes les plantes indistinctement. C'est sa chrysalide que les jardiniers trouvent le plus souvent en bêchant les plates-bandes et les carrés de légumes. En l'écrasant, on diminuera graduellement le nombre de ces chenilles, qui mangent beaucoup, comme le prouve leur corps gonflé et dont la peau semble tendue.

## Genre OCHROPLEURA, Hb.

*Les chenilles sont atténuées en avant, à tête très-petite, sans taches cunéiformes. Les papillons ont les ailes luisantes, à côte claire, avec une seule tache qui s'y trouve fondue.*

### 427. **Plecta,** Lin.

Prés, jardins frais, marais, en juillet, septembre et octobre. — Pas très-commune.

Chenille grise ou jaunâtre, à stigmates empâtés de noir: vit en juin et septembre, sur les plantes basses.

## Genre NOCTUA, Lin.

*Les chenilles sont épaisses, avec des lignes distinctes et deux taches noires cunéiformes sur le 11e anneau. Elles vivent de plantes basses, cachées, mais non enterrées. Les papillons n'ont pas les antennes pectinées, leurs palpes sont tachés de noir extérieurement, leurs ailes inférieures ne sont pas irisées.*

Ce grand genre, moins nombreux toutefois que le genre *Agrotis*, a des représentants dans toutes les parties du monde.

### 428. **Glareosa,** Esp.

Bois, haies, clôtures, en octobre. — Assez commune à Châteaudun.

*Var.* à teinte rose.

Chenille olivâtre ou verte, à atômes noirs; vit en mai dans les broussailles, sur les *Rumex, Genista,* etc. Difficile à élever.

### 429. **Augur,** Fab.

Prés, jardins bas, en juin. Fontenay-sur-Eure. — Rare.

Chenille rougeâtre, à stigmatale jaune, liserée de noir; vit en mai, sur les plantes basses, dans les lieux humides.

430. **C. Nigrum**, Lin.

Commune partout, en juin, puis en août.

Chenille grise, à stigmatale teintée d'orangé. Sur les plantes basses, en avril et mai. Les individus de la seconde saison sont plus petits et plus sombres.

431. **Triangulum**, Hufn.

Dans tous les bois, en juin. — Commune.

Chenille grise ou vineuse, avec une tache stigmatale claire aux 2e et 3e anneaux; vit sur les plantes basses et surtout les *Scabiosa*, en avril.

432. **Stigmatica**, Hb. (*Rhomboidea*, Tr.)

Bois, vallons, en juin. — Très-rare chez nous, commune autour de Paris.

Chenille gris-violâtre, à stigmatale bordée de blanc. Sous les plantes basses, en mars et avril.

433. **Festiva**, Wv.

Bois frais, terrains humides, en mai. Longsaulx.

Chenille d'un brun jaunâtre, à traits noirs; vit en avril, sous les plantes basses, dans les lieux humides.

*Var.* Subrufa, Haw. Point de liture noire intermaculaire.

434. **Baja**, Wv.

Bois, coteaux secs, en août et septembre. Vole sur les fleurs de la bruyère. — Pas rare à Châteaudun.

Chenille rougeâtre, à chevrons dorsaux; vit en hiver et au printemps, sur les plantes basses.

435. **Rubi**, View. (*Bella*, Bork.)

Marais, prés humides, en juin et septembre. Châteaudun, près des Abrets.

Chenille grise ou noirâtre, à stigmatale claire; vit en avril, au bord du Loir, se cache sous les roseaux coupés.

**436. Xanthographa,** Wv.

Commune, en septembre et octobre, dans tout le département. Vole au crépuscule.

Chenille testacée, avec les sous-dorsales distinctes et marquées de traits noirs; vivant, souvent en abondance, sur les graminées, en avril et mai.

**437. Neglecta,** Hb.

Bois de genêts et bruyères, en août. Chartres, Châteaudun, bois St-Martin.

Chenille vert-pâle ou carnée, à stigmatale blanche; vivant surtout sur les genêts (jeune, sur la bruyère), en mai et juin. Souvent piquée.

Cette espèce, ainsi que sa chenille, forme une excellente transition aux Orthosides. Je n'ai jamais obtenu ici la variété rougeâtre (*Castanea*).

### Fam. **ORTHOSIDÆ,** Gn.

Les chenilles vivement colorées, sans tubercules ni éminences, vivent, simplement abritées, de feuilles d'arbres ou de plantes. Les papillons ont les palpes grêles, droits ou incombants, l'abdomen lisse, les ailes entières, à lignes distinctes, à tache réniforme, salie par en bas, disposées en toit incliné.

Famille très-nombreuse, très-répandue, d'un aspect *sui generis*.

### Genre TÆNIOCAMPA. Gn.

*Les chenilles ont les lignes bien nettes. Les papillons ont le corps velu, un peu bombyciforme, la trompe courte et les antennes ordinairement pectinées.*

**438. Cincta,** Fab.

Extrèmement rare. Elevée une seule fois près de Châteaudun. Mai.

Chenille épaisse, vert-jaunâtre, arrosée en dessus de rouge porphyre; vivant de plantes basses.

Je l'ai trouvée, cachée sous les luzernes fauchées, en août.

### 439. **Gothica,** Lin.

Haies, jardins, en mars. — Commune. Vole sur les chatons du marceau.

Chenille d'un beau vert, à stigmatale d'un blanc pur; vit sur les arbrisseaux et les plantes basses, en mai et juin.

### 440. **Rubricosa,** Wv.

Bois, en mars et avril. — Assez rare. Châteaudun. Varie pour la couleur.

Chenille longue, violâtre, à traits noirs; vivant sur les plantes basses, en juin.

### 441. **Instabilis,** Wv.

Commune sur les fleurs du marceau, en mars. Eclôt souvent plus tôt.

*Var.* Fuscatus, Haw.

*Var.* Collinita, Esp.

Chenille verte, à lignes blanches, sans trait transversal, sur le chêne, l'orme, le peuplier, etc., en juin, juillet et août.

### 442. **Stabilis,** Wv.

Commune comme la précédente, en avril et mai.

Chenille vert-jaunâtre, à atômes et lignes jaunes, avec un trait transversal; vit sur tous les arbres, en juin et juillet.

### 443. **Gracilis,** Wv.

A peu près aussi commune que les deux précédentes, en avril. Varie beaucoup.

Chenille verte, à lignes blanches; vivant jusqu'à sa dernière mue renfermée entre les feuilles ou bourgeons du
saule, du rosier, de l'immortelle, etc., en mai et juin.

### 444. **Miniosa**, Wv.

Bois de chênes, en avril.

Chenille gris-bleu, à larges lignes jaunes ou fauves;
vivant en juin, sur le chêne, en familles très-nombreuses
dans sa jeunesse. — Souvent extrêmement commune, quoique le papillon le soit beaucoup moins.

### 445. **Cruda**, Wv.

Dans tous les bois, en mars et avril. — Très-commune.
La femelle a un oviducte anal.

Chenille noir-violâtre ou verte, à lignes blanches; vivant
sur le chêne, en juin et juillet. Quelquefois assez commune
pour devenir un fléau pour les chênes.

### 446. **Munda**, Wv.

Bois et avenues de chênes et d'ormes, en avril. — Pas
très-commune ici.

Chenille brun de bois, à dessins noirs; vivant sur le
chêne et l'orme, en juin et juillet.

### Genre ORTHOSIA, Tr.

*Les chenilles, veloutées et marbrées, n'ont que la stigmatale
bien distincte, et vivent cachées sous les écorces ou dans les
broussailles. Les papillons ont les antennes pubescentes, le
thorax arrondi, les ailes luisantes et aiguës, à tache réniforme
salie de noir.*

### 447. **Lævis**, Hb.

Châteaudun. — Rare, en septembre. Butine sur les
prunes mûres.

Chenille brune, à vasculaire jaunâtre et taches noires;
vivant en mai, sur les plantes basses.

**448. Ypsilou, Wv.**

Prés, avenues de peupliers. — Très-commune, en juillet.

Chenille gris-brun marbré, à dos plus clair; vit en mai, sur le peuplier, entre les écorces.

**449. Lota, Lin.**

Prés, en septembre et octobre. — Commune, sur les fleurs du lierre.

Chenille brune, à vasculaire blanche, renflée aux incisions; vit sur les saules, cachée sous les écorces, en juin.

**450. Macilenta, Hb.**

Très-commune à Châteaudun, sur les fleurs du lierre, en octobre.

Chenille violâtre, à vasculaire guttiforme blanche; vit sur le hêtre, puis sur les plantes basses, en juin.

Genre ANCHOCELIS, Gn.

*Les chenilles, veloutées, à lignes distinctes, vivent cachées sous les plantes basses. Les papillons ont l'abdomen épais, les ailes étroites, à nervures plus claires que le fond, à taches étranglées.*

**451. Rufina, Lin.**

Commune en septembre et octobre, sur les fleurs du lierre.

Chenille orangée, à stigmatale et trapézoïdaux blancs; vit en avril et mai, dans les broussailles, au pied des jeunes taillis de chênes.

**452. Lunosa, Haw.**

Bois, vergers, haies, en septembre et octobre. — Pas très-rare à Châteaudun. Varie extrêmement.

Chenille luisante, verte ou grise, à trapézoïdaux noirs; vit en mai, à la racine des plantes basses. Se cache sous les pierres.

453. **Nitida**, Wv.

Bois frais, en septembre. — Rare chez nous.

Chenille gris-verdâtre, à chevrons noirâtres; vit en mai, exclusivement sur les primevères.

454. **Pistacina**, Wv. (*Lychnidis*, F. )

Bois, parcs, jardins. — Très-commune, sur les fleurs du lierre, à Chartres et à Châteaudun. Octobre et novembre.

Chenille verte, à atômes rougeâtres et trapézoïdaux ponctués de blanc; vit en mai et juin, sur les primevères, les luzernes, etc. Elle a été tellement commune en 1872 que j'en aurais pu prendre plusieurs milliers.

*Var.* CANARIA, Esp., gris-noirâtre.

*Var.* RUBETRA, Esp., d'un rouge uni.

*Var.* SERINA, Esp., d'un ocracé-verdâtre, sans nervures plus claires. — Rare ici.

### Genre CERASTIS, Och.

*Les chenilles, de couleurs obscures, à écusson bien marqué, vivent sous les plantes basses dans l'âge adulte. Les papillons ont les antennes pubescentes, le corps aplati, lisse, l'abdomen semblable dans les deux sexes, les ailes luisantes se recouvrant et presque parallèles dans le repos.*

455. **Silene**, Wv. [1].

Sur les fleurs du lierre, en octobre et novembre. — Parfois très-commune à Châteaudun.

[1] Les Allemands appellent notre espèce *Gallica*, tout en disant que la *vraie* Silene habite toute l'Europe centrale. Pour moi, j'ai vu des milliers de cette Cerastis de toute provenance et n'ai jamais observé aucune différence. C'est une de celles qui varient le moins. L'absence des taches noires sur les taches ordinaires est la seule modification que j'ai observée, encore ne l'ai-je jamais prise moi-même. Mais elle appartient bien à la *Silene* et non à la *Veronicæ*, comme le suppose M. Staudinger dans son catalogue. Je le prie de croire que je ne m'y serais pas trompé

Chenille d'un gris-violâtre, marbrée; vit en mai et juin, sur les plantes basses, en compagnie d'*Erythrocephala* dont elle se distingue difficilement.

### 456. **Erythrocephala**, Wv.

Parcs, prés, bois frais et ombragés, en octobre et novembre. — Pas rare à Châteaudun, sur les fleurs du lierre.

Chenille violâtre, unie; vit en mai, sur les plantes basses.

*Var.* GLABRA, Wv. Aussi commune que le type.

### 457. **Vaccinii**, Lin.

Très-commune partout, en septembre, octobre et novembre. Varie excessivement. Passe l'hiver et se retrouve au printemps.

Chenille d'un gris-vineux (rougeâtre dans la jeunesse); vit d'abord sur le chêne, puis sur les plantes basses, en juin.

*Var.* POLITA, Wv.

*Var.* POLITA, Wood.

*Var.* VACCINII, Hb.

### 458. **Spadicea**, Hb.

Très-commune ; avec la précédente.

Chenille d'un brun d'écorce, à côtés plus foncés (verte dans la jeunesse); vit d'abord sur l'épine et le prunellier, puis sur les plantes basses, en juin.

*Var.* LIGULA, Esp.

*Var.* PHÆOGRAMMA, Gn. (*Var. A. Species.*)

NOTA. L'Hyacinthe d'Engramelle (*Brigensis*, Bdv.) ne se trouve jamais chez nous; je crois que je puis l'affirmer, en présence de l'immense quantité de *Spadicea* qui ont passé devant mes yeux. C'est probablement une espèce distincte.

## Genre SCOPELOSOMA, Curt.

*La chenille, allongée, veloutée, est carnassière, et vit dans sa jeunesse renfermée entre des feuilles. Le papillon a le thorax carré et crêté, à collier saillant, les ailes très-oblongues et subdentées.*

### 459. **Satellitia,** Lin.

Bois, jardins, avenues d'ormes, etc., en octobre. — Commune.

Chenille noire, à taches latérales blanches; vivant en mai, sur l'orme et le chêne.

*Var.* CROCEIMACULA (les points qui accompagnent les taches d'un jaune safrané).

## Genre DASYCAMPA, Gn.

*Les chenilles sont velues. Les papillons ont le dernier article des palpes distinct, le toupet frontal bifide, les ailes entières piquetées, à taches ordinaires indistinctes.*

### 460. **Rubiginea,** Wv.

Bois, haies, parcs, etc., en octobre. — Commune à Châteaudun autrefois. Diminue de plus en plus.

Chenille noirâtre, à poils concolores; vit sur les plantes basses, en mai.

## Genre HOPORINA, Bdv.

*La chenille est épaisse, non atténuée, à 11e anneau saillant, à chevrons dorsaux, et vit sur les arbres. Le papillon a les palpes en bec, le thorax crêté, l'abdomen comprimé dans les deux seres, les ailes aiguës.*

461. **Croceago**, Wv.

Bois de chêne, en septembre et octobre. Passe l'hiver et se retrouve au printemps. — Pas rare.

Chenille fauve, à chevrons bruns; vit sur le chêne, en mai.

## Genre XANTHIA, Och.

*Les chenilles épaisses, courtes, à tête le plus souvent fauve, vivent dans leur jeunesse dans les chatons ou les bourgeons des arbres et plus tard sous les plantes basses. Les papillons ont les palpes droits, l'abdomen à peine déprimé, les ailes entières, à fond jaune ou fauve et disposées en toit incliné.*

Genre nombreux, facile à reconnaître malgré ses caractères un peu légers, et habitant toutes les régions tempérées ou froides.

462. **Citrago**, Lin.

Allées de tilleuls. Septembre. — Pas très-rare partout. Ne varie pas.

Chenille grise, à dessins très-nets, noirs et blancs, et tête rousse; vit en mai, entre les feuilles du tilleul qu'elle perce de trous.

463. **Cerago**, Wv. (*Fulvago*, Lin.?)

Prés et bois humides, en août et septembre. — Commune partout. Varie.

Chenille brun-violâtre, à ventre clair; vit dans les chatons du saule marceau, en mars et avril.

*Var.* FLAVESCENS, Esp.

464. **Togata**, Esp. (*Silago*, Hb.)

Mêmes localités et guères plus rare que la précédente. Chartres, Châteaudun. — Ne varie pas.

Chenille gris-brun, à stigmatale surmontée de foncé, vivant avec la précédente et à la même époque.

**465. Aurago**, Wv.

Bois, en septembre et octobre. — Rare. Prise deux ou trois fois à Châteaudun et à Bonneval.

Chenille grise, à lignes noirâtres; vivant en mai, sur le hêtre, entre les feuilles, comme *Citrago*. (Treits.)

**466. Gilvago**, Wv.

Très-commune dans tous les lieux plantés d'ormes, en septembre et octobre. — Varie extrêmement.

Chenille roussâtre, à chevrons obscurs; vivant en mai, dans les samares des ormes.

*Var.* PALLEAGO, Hb.

**467. Ocellaris**, Bork.

Bords des prés, bois humides, etc. Châteaudun. Certaines années.

Chenille d'un gris-vineux marbré, à taches rhomboïdales plus foncées; vivant en avril et mai, dans les chatons des peupliers.

*Var.* LINEAGO, Gn. Plus rare et bien différente du type.

*Var.* PALLEAGO, Hb.

**468. Circellaris**, Hufn. (*Ferruginea*, Wv.)

Extrêmement commune dans les prés, jardins, etc., en août et septembre. — Varie, mais le type est de beaucoup le plus commun.

Chenille d'un brun violâtre marbré, à larges taches dorsales foncées; vivant en avril et mai, dans les bourgeons des peupliers. Difficile à distinguer de la *Gilvago*.


Genre MESOGONA, Bdv.


*Les chenilles sont épaisses, à plaques luisantes, et vivent de plantes basses. Les papillons sont robustes, à antennes ciliées,*

*à thorax sublaineux, large, à abdomen non déprimé, volumi-
neux, à ailes pulvérulentes ayant les lignes disposées en trapèze.*

469. **Acetosellæ,** Wv.

> Haies et jardins, en septembre. — Se trouve çà et là.
> Châteaudun.

> Chenille jaunâtre, marbrée, à trapézoïdaux blanchâtres;
> vit en mai et juin, sur les plantes basses. Je ne l'ai pas
> élevée.

Fam. **COSMIDÆ,** Gn.

Les chenilles, aplaties en dessous, à peau fine, à écussons
luisants, vivent renfermées entre des feuilles. Les papillons ont
la tête petite, l'abdomen conique, presque toujours muni d'un
oviducte saillant.

Genre TETHEA, Och.

*Les chenilles sont molles, aplaties, lisses, luisantes, et vivent
entre deux feuilles. Les papillons ont le thorax lissé, caréné,
l'abdomen déprimé, les ailes aiguës, à taches et lignes pâles
mais très-nettes.*

470. **Subtusa,** Wv.

> Prés, marais, plantations, oseraies, en juillet. — N'est
> pas rare à Châteaudun.

> Chenille d'un vert-clair, à tête bimaculée de noir; vit en
> avril et mai, entre deux feuilles de peuplier.

471. **Retusa,** Lin.

> Mêmes localités, mais très-rare. Trouvée une seule fois
> à Châteaudun.

> Chenille verte, à lignes blanches; vivant en mai, sur les
> *Salix*, surtout le *Viminalis*, enfermée entre les feuilles au
> sommet des rameaux.

## Genre COSMIA, Och.

*Les chenilles sont fusiformes, molles, ridées, à trapézoïdaux saillants. Les chrysalides sont efflorescentes. Les papillons ont le thorax gros, lisse, globuleux, l'abdomen court, conique, sans oviducte, les ailes épaisses et très-fortement inclinées au repos.*

### 472. **Trapezina**, Lin.

Très-commune dans tous les bois, juillet. — Varie énormément.

Chenille verte, à trapézoïdaux noirs, cerclés de blanc; vit sur tous les arbres des bois, mais surtout sur le chêne. En mai. Se dévorent entre elles.

### 473. **Diffinis**, Lin.

Lieux plantés d'ormes, en juillet. — Charmante espèce qui ne se rencontre que de loin en loin.

Chenille verte, à tête noire; vit enfermée dans un paquet de feuilles d'orme, en mai et juin.

### 474. **Affinis**, Lin.

Mêmes lieux et époques que la précédente, mais beaucoup plus commune.

Chenille verte, à tête concolore (dans l'âge adulte); vit avec le précédente.

### 475. **Pyralina**, Wv.

Vergers, bois, jardins. — Assez rare. Châteaudun.

Chenille vert-jaunâtre, à lignes blanches et trapézoïdaux jaunes; vit en mai à découvert, sur les poiriers et les pommiers. On la trouve seulement par certaines années.

14

## Genre DICYCLA, Gn.

*Les chenilles sont cylindriques, à grosse tête et vivent dans des feuilles liées en paquet. Les papillons n'ont pas les palpes en bec, l'abdomen des femelles est muni d'un long oviducte. Les chrysalides ne sont pas efflorescentes.*

### 476. **Oo,** Lin.

Routes bordées de chênes. Châteaudun. — Parfois commune.

Chenille noirâtre, à lignes blanches; vivant en mai et juin, sur les chênes, dans un paquet de feuilles renflé.

### Fam. **HADÉNIDÆ,** Gn.

Les chenilles lisses, sans tubercules, vivent à découvert sur les plantes et les arbres. Les papillons ont le thorax carré, les palpes droits, l'abdomen crêté, les ailes épaisses, à ligne subterminale brisée et disposées en toit incliné.

Immense famille qui habite tout le globe et vit à toutes les latitudes; on en découvre tous les jours de nouvelles espèces.

## Genre ILARUS, Bdv.

*La chenille est molle, à grosse tête, à trapézoïdaux pilifères, et vit au sommet des céréales ou des graminées. Le papillon a les antennes crénelées, l'abdomen crêté, long, sans tarière, les ailes épaisses, squammeuses, nébuleuses et à dessins confus. Il vole en plein jour.*

### 477. **Ochroleuca,** Wv.

Champs et bois herbus, en juillet et août. — Rare.

Chenille verte, à stigmatale jaune et points noirs; vivant en mai et juin, sur les graminées.

## Genre DIANTHÆCIA, Bdv.

*Les chenilles bien cylindriques, fusiformes, rases, à traits obliques, vivent sur les caryophyllées dont elles mangent les graines. Les chrysalides ont la gaine de la trompe un peu saillante. Les papillons ont les antennes simples, le thorax carré, l'abdomen crêté à la base, celui des femelles terminé par un oviducte térébriforme, les ailes festonnées, à dessins marbrés, les inférieures avec une tache claire à l'angle anal.*

Joli genre, à mœurs intéressantes sous l'état de chenilles, et dans lequel il reste des découvertes à faire, mais non, je crois, dans notre département.

478. **Carpophaga**, Bork.

Commune partout où croît le *Silene inflata*. Juin.

Chenille couleur d'os, à lignes claires; vit en juillet, dans les capsules de cette plante.

479. **Capsincola**, Wv.

Commune dans les champs, les prés, les jardins, etc., en juin.

Chenille grise, à chevrons foncés; vit en juillet, dans les capsules du *Lychnis dioica*.

480. **Cucubali**, Wv.

Commune dans les mêmes lieux et en même temps que la *Carpophaga*.

Chenille verdâtre, lavée de rouge; vivant en juillet, dans les capsules du *Silene inflata*.

481. **Xanthocyanea**, Hb.

Bois, prairies, en juin. — Rare. Elle a été abondante à Châteaudun en 1835, mais je ne l'ai plus revue depuis.

Chenille inconnue.

**482. Albimacula,** Bork.

Bois élevés, lieux secs. Châteaudun. Longsaulx. En juin.

Chenille carnée, à chevrons foncés; vivant en juillet, dans les capsules du *Silene nutans*.

**483. Nana,** Hün. (*Conspersa*, Wv.)

Prés et lieux humides, en juin. — Pas rare à Châteaudun.

Chenille testacée, à chevrons foncés; vivant en juillet, dans les capsules du *Lychnis flos cuculi*.

Cette chenille, celle de l'*Albimacula* et celle de la *Capsincola* sont assez difficiles à distinguer, et d'autant plus qu'elles vivent parfois sur les mêmes plantes; mais ce cas est exceptionnel et généralement chaque espèce a sa plante propre.

**484. Compta,** Wv.

Jardins, lieux secs et rocailleux, en mai et juin.

Chenille gris-clair, à vasculaire foncée; vit en juillet, dans les fleurs des œillets.

## Genre HECATERA, Gn.

*Les chenilles vivent dans les fleurs des composées. Les chrysalides n'ont point de saillie abdominale. Les papillons femelles n'ont point d'oviducte.*

**485. Dysodea,** Wv.

Commune dans les jardins, en juin. Vole le soir, sur les fleurs de la valériane.

Chenille gris-verdâtre ou rougeâtre, à ventre pâle, sur les fleurs de la laitue, en juillet [1].

[1] Elle cause des dégâts sérieux en s'installant par familles nombreuses dans les ombelles des laitues qu'on laisse venir à graines. Secouer légèrement ces plantes sur un drap ou dans un parapluie renversé est un excellent moyen de les détruire. Bien peu de jardiniers s'en avisent.

486. **Serena,** Wv.

Jardins, prairies élevées, etc., en mai et juin.

Chenille vert-foncé ou brune, à chevrons noirâtres, sur les fleurs des chicoracées, en août.


Genre POLIA, Och.


*Les chenilles sont longues, vertes, rases, et se tiennent allongées sur les tiges des plantes basses. Les papillons ont les antennes crénelées, les palpes courts, le thorax épais et hérissé, les ailes nébuleuses, ordinairement à fond blanchâtre.*

487. **Canescens,** Bdv.

Prés, marais, etc. — Très-rare. Châteaudun. Septembre.

Chenille verte, à stigmatale liserée de rouge; vit sur les plantes basses, en mai, et dans le midi, dès le mois de janvier jusqu'en mars.

488. **Flavocincta,** Wv.

Prés, jardins, fermes, etc., en septembre et octobre.

Chenille verte, presque unie; vivant en mai et juin, sur les *alsine*, *rumex*, etc., et parfois sur les arbrisseaux.


Genre EPUNDA, Dup.


*Les chenilles sont molles, allongées, vertes, rases, non atténuées et vivent sur les plantes basses, surtout les genêts. Les papillons ont les antennes pectinées, les ailes supérieures de couleur foncée, ou même noires.*

489. **Lutulenta,** Wv.

Champs et prairies, en octobre. — Pas rare à Châteaudun, sur les fleurs du lierre. La var. *Sedi* est très-rare et l'on en trouve à peine un individu sur cinquante.

Chenille verte, à stigmatale liserée de blanc; vit en mai et juin sur les genêts.

Elle a été extrêmement commune à Châteaudun en 1872 et se tenait au sommet des tiges du blé dans le voisinage des prairies artificielles.

490. **Nigra**, Haw.

Mêmes lieux et époques. — Pas plus rare à Châteaudun.

Chenille longue, verte, à stigmatale blanche, souvent liserée de rouge sombre; vit en avril et mai, sur les genêts et autres plantes. En 1872, on la trouvait avec la *Lutulenta*, mais bien plus rarement.

## Genre MISELIA, Och.

*Les chenilles sont aplaties en dessous, à tête bifide, à 11e anneau portant quatre éminences pyramidales. Les papillons ont le thorax large et très-carré, à épaules saillantes, les ailes épaisses, dentées, à franges très-squammeuses, etc.*

491. **Oxyacanthæ**, Lin.

Haies, jardins, bois, en octobre. — Commune.

Chenille brune ou marbrée, à deux points postérieurs: vit en mai et juin, sur l'aubépine. — Marquée de taches noires ventrales comme les *Catocala*, elle exécute comme elles des sauts brusques et répétés.

## Genre CHARIPTERA, Gn.

*Les chenilles sont épaisses, à trapézoïdaux verruqueux, surtout ceux du 11e anneau; elles vivent sur les arbres. Les papillons ont les antennes couvertes d'écailles blanches à la base, le thorax carré, l'abdomen fortement crêté, les ailes dentées à frange entrecoupée.*

492. **Culta**, Wv.

Bois, parcs; en mai. — Très-rare. Une seule fois à Châteaudun.

Chenille grise, avec 4 pointes postérieures; vit en août et septembre, sur l'aubépine et le prunellier.

### Genre AGRIOPIS, Bdv.

*Les chenilles sont épaisses, très-cylindriques, sans éminences, et se cachent sous les écorces des chênes. Les papillons sont robustes, à thorax large et carré, à abdomen court mais épais, peu crêté, à pattes épineuses, les antérieures à tibias énormes, les ailes entières, à dessins prononcés.*

493. **Aprilina**, Lin.

Bois de chênes, champs bordés de trognes, en septembre et octobre.

Chenille fuligineuse variée de blanchâtre; vit en avril et mai, sur le chêne.

### Genre PHLOGOPHORA, Och.

*Les chenilles sont cylindriques, veloutées, pointillées, et vivent à demi-cachées. Les papillons ont le thorax carré et crêté, les ailes oblongues, dentées, à dessins rhomboïdaux et disposées en toit incliné ou même plissées.*

494. **Meticulosa**, Lin.

Partout et pendant tout l'été.

Chenille verte ou testacée, à vasculaire blanche ponctuée; vivant sur les plantes basses pendant toute la belle saison.

495. **Flammea**, Esp. (*Empyrea*. Ill.)

Haies, jardins, buissons, sur les fleurs du lierre, en septembre. Châteaudun.

Chenille vert sale ou brunâtre, à losanges plus sombres ;
vit en avril et mai sur les *rumex, urtica, alsine*, etc.

### 496. Iodea, Gn.

Mêmes lieux et époque, mais beaucoup plus rare.

Chenille mal connue ; vivant sur le prunellier, en mai.

## Genre POLYPHÆNIS, Bdv.

*Les chenilles sont molles, longues, très-cylindriques, à tête
petite, vivant, la nuit, sur les chèvrefeuilles. Les papillons ont
le front bombé, le thorax court et squammeux, avec deux
écailles aigrettées à sa base, les ailes dentées, épaisses, les inférieures fauves ou cuivrées.*

### 497. Sericata, Esp.

Bois et jardins, en juin et juillet. — Rare à l'état parfait.
Châteaudun. Courville.

Chenille violâtre, à vasculaire foncée en avant, blanchâtre en arrière ; vit en avril, sur le chèvrefeuille des
bois.

## Genre APLECTA, Gn.

*Les chenilles sont grosses et longues, de couleurs sombres, et
vivent cachées sous les plantes basses. Les papillons sont de
grande taille, ils ont les antennes simples, l'abdomen des femelles est un peu déprimé ; les ailes sont oblongues, à taches
grandes et distinctes.*

### 498. Nebulosa, Hfn.

Bois, prés, jardins, etc., en juin.

Chenille longue, testacée, à losanges noires ; vit en
avril et mai, sur les plantes basses. Eclôt dès l'automne et
se trouve tout l'hiver.

499. **Tincta**, Brahm.

> Bois et parcs. Châteaudun. — Rare.
>
> Chenille grise, saupoudrée, à fines lignes claires, et tête jaune; vit sur les graminées et les plantes basses, en avril.

500. **Advena**, Wv.

> Prés marécageux, en juin. Châteaudun. — Assez rare.
>
> Chenille grise, à double rang de losanges foncées; vivant en avril, sur les plantes basses. Eclôt aussi avant l'hiver.

### Genre HADENA, Och.

*Les chenilles sont rases, cylindriques, de couleurs vives, et se nourrissent de plantes et d'arbres. Les papillons ont le thorax carré et crêté, les ailes subdentées, à taches distinctes, et marquées d'une tache claire bidentée sous la réniforme, la ligne terminale brisée en ɜ.*

Genre nombreux, appartenant à toutes les parties du monde, mais préférant les contrées tempérées ou froides.

501. **Roboris**, Hb.

> Champs bordés de trognes. Châteaudun. (Octobre.
>
> Chenille grise, marbrée et pointillée de noir; vit en mai, sur le chêne.

502. **Protea**, Wv.

> Mêmes lieux et bois de chênes, jardins, etc., en août et septembre; varie beaucoup moins que son nom semble l'indiquer.
>
> Chenille courte et ramassée, d'un vert jaunâtre uni; vivant sur le chêne, en juin.

Elle rappelle un peu pour sa forme l'*Halias prasinana*. Elle est souvent piquée.

**503. Dentina, Wv.**

Commune sur les fleurs de la valériane, en juin.

Chenille courte, noire, sablée, à ventre clair; vivant en mai, juillet et août, sur le pissenlit dont elle ronge les racines.

**504. Chenopodii, Wv.**

Champs, prés, bruyères, en mai et août.

Chenille verte, à vasculaire blanche teintée de rouge; vit en juillet, sur les *rumex, urtica, chenopodium*, etc.

**505. Atriplicis, Lin.**

Jardins, fermes, habitations, en juin, puis septembre.

Chenille épaisse, rougeâtre, à lignes perlées; vit en août, septembre et octobre, sur les plantes basses, principalement dans le voisinage des fermes.

**506. Suasa, Wv.**

Bords des prés, lieux marécageux, en juin et juillet.

Chenille vert-sombre, à stigmatale jaune; vivant dans les prés sur le plantain, en août et septembre.

**507. Oleracea, Lin.**

Commune dans les prés et les jardins, de mai à août.

Chenille verte ou rouge obscure, à stigmatale blanche ou jaune; vivant presque sur toutes les plantes des prés et des jardins, en juin et septembre.

**508. Thalassina, Hfn.**

Petits bois, haies, etc., en mai et juin. Châteaudun. — Rare.

Chenille testacée, à chevrons gris et stigmatale carnée; vit en juillet et août, sur les *alsine* et les *plantago*.

**509. Contigua, Wv.**

Bois, jardins, bruyères, en mai et juin.

Chenille ferrugineuse, à chevrons foncés et stigmatale claire; vit en août et septembre, sur les genêts, les plantes basses et parfois quelques arbrisseaux. Est devenue rare ici.

510. **W Latinum,** Hfn. (*Genistæ*, Hb.)

Petits bois, bruyères, sur les jeunes troncs, en mai et juin. — Pas très-commune.

Chenille testacée, à chevrons dorsaux, tête concolore et stigmates blancs; vit en août, sur les genêts, le plantain, etc.

Nota. Les chenilles de ces trois dernières espèces sont tellement voisines qu'on ne conçoit guères que les auteurs modernes aient tant éloigné leurs papillons. Toutes sont vertes dans le jeune âge.

### Fam. XYLINIDÆ, Gn.

Les chenilles sont allongées, rases, de couleurs très-vives et se tiennent à découvert sur les feuilles ou les fleurs. Les papillons ont la trompe longue, le thorax très-carré, les ailes longues et étroites, repliées au repos, à dessins longitudinaux et lignes transverses très-confuses.

### Genre XYLOCAMPA, Gn.

*Les chenilles sont très-fusiformes, à longues pattes, et ont l'aspect des Ophiusides; elles vivent sur les chèvrefeuilles. Les papillons ont le thorax presque laineux, le collier relevé en capuchon, l'abdomen crêté, les ailes peu oblongues à dessins bien marqués.*

511. **Lithorhiza,** Bk.

Bois et jardins, en mars et avril.

Chenille testacée, à ligne dorsale obscure et tache sur le 7ᵉ anneau; vivant en juillet et août à découvert, sur les chèvrefeuilles.

### Genre CLOANTHA, Bdv.

*Les chenilles sont épaisses et cylindriques, se cachent pendant le jour et vivent sur les Hypericum. Les papillons ont le thorax carré, mais lisse, sans capuchon, l'abdomen épais mais court, les ailes peu oblongues, à tache réniforme bien marquée.*

### 512. **Perspicillaris,** Lin.

Parcs et bois où croissent les millepertuis, en mai et juin. — Rare chez nous.

Chenille brun-jaunâtre, à stigmatale jaune et dos chevronné; vit en juillet et août, sur les millepertuis.

### 513. **Hyperici,** Wv.

Mêmes époques et localités; mais encore plus rare.

Chenille brun-carmélite, à cinq lignes jaunes; vivant en juin et juillet, sur les millepertuis.

### Genre CALOCAMPA, Stph.

*Les chenilles sont très-longues, cylindriques et de couleurs vives et bigarrées; elles vivent de plantes basses et s'enterrent profondément. Les papillons se distinguent au premier abord par leur forme allongée, leur abdomen aplati, leur thorax carré et comme échancré, leurs ailes plissées au repos, etc.*

Un des plus beaux genres européens, surtout pour les chenilles.

### 514. **Exoleta,** Lin.

Partout, sans être commune nulle part, en septembre et octobre.

Chenille vert-pomme, à stigmatale rouge et taches dorsales bipupillées; vit sur toutes les plantes basses, mais surtout sur les trèfles et les luzernes, en juillet et août.

**515. Vetusta,** Hb.

Comme la précédente; mais plus commune dans les prés et les terrains marécageux. Elle se retrouve au Canada sans aucune modification.

Chenille vert foncé, à stigmatale jaune; vivant en mai et juin, sur les graminées et les plantes de marais.

## Genre XYLINA, Och.

*Les chenilles sont cylindriques, molles, vertes, au moins dans le jeune âge, de longueur ordinaire; vivant sur les grands arbres. Les papillons ont le thorax carré, muni d'une crête bifide, l'abdomen plat et garni de poils sur les côtés, les ailes oblongues mais arrondies, le front bifide, les pattes épaisses.*

**516. Conformis,** Wv.

Chartres, Châteaudun; collée contre le tronc des peupliers, en août, septembre et octobre, et passant parfois l'hiver.

Chenille d'abord d'un beau vert jaunâtre, à points et lignes jaunes, puis devenant grise à la dernière mue; vit exclusivement sur l'aune, en juin.

**517. Rhizolitha,** Wv.

Commune partout, sur le tronc des grands arbres et surtout des ormes, en septembre.

Chenille d'un vert-pomme très-clair, semée de quelques poils; vivant sur le chêne, l'orme, etc., à la fin de mai.

**518. Semibrunnea,** Haw.

Rare. Sur les fleurs du lierre, en octobre et novembre. Châteaudun, la Boissière, Saint-Jean. Passe l'hiver et se retrouve en avril.

Chenille d'abord verte, à lignes dorsales blanches et stigmatale jaune; vit sur le frêne, en avril et mai.

### Genre CALOPHASIA, Steph.

*Les chenilles sont épaisses, fusiformes, marquées de grosses taches noires, à tête petite, vivant sur les pédicularidées. Les chrysalides ont un long filet ventral et sont renfermées dans des coques papyracées. Les papillons ont le collier relevé, le thorax à deux crêtes, l'abdomen court, les ailes courtes, à frange entrecoupée.*

Joli genre dont toutes les espèces sont très-distinctes et presque sans rapports de dessins et de couleurs à l'état parfait, mais tellement semblables à l'état de chenille, qu'il est à peu près impossible de les distinguer.

### 519. **Linariæ,** Fab.

Commune partout où croissent les linaires. Vole au crépuscule, en mai, puis septembre.

Chenille jaune, avec de grosses taches noires, presque contiguës mais divisées par la vasculaire; vivant en juin et juillet, sur la *Linaria vulgaris*. Facile à découvrir et à élever.

### 520. **Platyptera,** Esp.

Bords des champs cultivés, sur le tronc des pommiers. Châteaudun. — Pas très-commune.

Chenille différant à peine de la *Linariæ*; vit dans les blés, sur le *Linaria repens*.

### Fam. **CUCULLIDÆ,** Hs.

Les chenilles sont allongées, moniliformes, à peau épaisse; elles vivent à découvert sur les plantes basses et surtout sur leurs fleurs. Les chrysalides sont molles, munies d'une gaine ventrale et renfermées dans des coques épaisses. Les papillons ont les antennes glabres, le collier relevé en capuchon, l'abdomen conique, nullement aplati, les ailes longues, lancéolées, à dessins longitudinaux.

## Genre CUCULLIA.

*C'est le seul de la famille, dont il a par conséquent tous les caractères.*

Genre essentiellement européen et composé d'espèces parfois brillantes, mais le plus souvent obscures, tandis que les chenilles sont généralement vives en couleur. Elles vivent au sommet des plantes basses, se tordent vivement quand on les touche et dégorgent une liqueur verdâtre.

### 521. **Verbasci,** Lin.

Commune partout, en mars et avril.

Chenille blanc-bleuâtre, à points noirs et taches jaunes; vit sur le bouillon-blanc (*Verbascum thapsus*), dont elle mange *les feuilles*, en mai, juin et juillet.

### 522. **Lychnitis,** Ramb.

Lieux secs et pierreux, carrières, cours des fermes, etc., en juin et juillet.

Chenille voisine de la précédente, mais plus longue, plus jaune, les taches jaunes formant bande continue; vit en août et septembre, sur les *Verbascum* rameux dont elle ne mange que *les fleurs*.

### 523. **Scrophulariæ,** Wv.

Bords des rivières et ruisseaux, marécages, en mars et avril. — Commune.

Chenille moniliforme, à points noirs gros, à trapézoïdaux liés; vivant en juin, sur les scrophulaires exclusivement.

### 524. **Asteris,** Wv.

Clairières des bois, parcs, etc., en mai et août.

Chenille longue, verte et jaune, rayée de noir; vit en juin et septembre, sur les fleurs de la verge d'or (*Solidago*), dans les allées et les clairières des bois.

525. **Gnaphalii**, Hb.

Bois élevés. Châteaudun. Bois Saint-Martin. — Rare. Juin.

Chenille verte, à ligne dorsale et taches latérales rouges; vit en juillet et août, sur la verge d'or. Délicate et difficile à élever.

526. **Absynthii**, Lin.

Jardins. Vole le soir sur l'absinthe, en juillet.

Chenille variée de vert, de blanc et de rouge sombre; vit en août, au sommet des fleurs de l'*Artemisia absynthium*. Il faut de l'attention pour la découvrir au milieu des fleurs avec lesquelles elle se confond. Facile à élever. .

527. **Tanaceti**, Wv.

Jardins, en juin et juillet. Mêmes mœurs que la précédente.

Chenille blanc-bleuâtre, à fins linéaments noirs; vit en août avec la précédente et sur les mêmes plantes.

Cette curieuse chenille se confond au premier abord avec celles de *Verbasci*, quoiqu'elle appartienne à un groupe très-différent.

528. **Chamomillæ**, Wv.

Champs et jardins voisins des moissons, en juin et juillet.

Chenille jaunâtre, teintée de rose, à vasculaire et traits olives; vit en août, sur l'*Anthemis cotula*, dans les blés.

529. **Lactucæ**, Wv.

Jardins, en mai et juin. — Rare chez nous.

Chenille blanchâtre, à larges taches noires et vasculaire orangée; vit en juillet, sur les laitues et les laiterons.

530. **Umbratica**, Lin.

Commune dans les jardins, les champs, etc., en juin. Vole le soir, sur les fleurs.

Chenille d'un gris-terreux, à taches stigmatales noires, avec des traces de lignes miniacées ; vivant en juillet et août, sur les glaiterons.

Cette chenille a la singulière propriété de faire sortir à volonté de ses pattes membraneuses une sorte de fausse couronne blanche garnie d'un demi-rang de crochets noirs très-rapprochés.

### Fam. **HELIOTHIDÆ**, Bdv.

Les chenilles sont luisantes, moniliformes, de couleurs variées, et vivent au sommet des plantes. Les chrysalides sont très-aiguës, sans gaine ventrale. Les papillons sont petits, à jambes épineuses, à ailes non oblongues, ordinairement tachées en dessous de noir bien tranché.

### Genre CHARICLEA, Stph.

*Les chenilles, très-jolies, ressemblent un peu à celles des Calophasia. Les papillons ont le front proéminent, le thorax large, les pattes fortes, sans épines, mais avec des onglets.*

### 531. **Delphinii**, Lin.

Jardins. — Pas rare par certaines années. Mai et juin. C'est la plus jolie des noctuelles européennes.

Chenille rose ou bleue, avec de gros points noirs, vivant sur les fleurs et les graines du pied d'alouette, en juillet, dans les jardins et les blés.

Cette charmante chenille vit par groupes dans sa jeunesse. Il ne faut la chercher que sur les pieds d'alouette *simples*.

### Genre HELIOTHIS, Och.

*Les chenilles sont lisses, moniliformes, à trapézoïdaux petits, mais saillants et pilifères ; elles vivent de plantes basses*

15

*dont elles préfèrent les fleurs. Les papillons ont le front uni, le thorax saillant, les tibias épineux, les ailes épaisses, à taches et lignes distinctes, et bordées de noir en dessous.*

### 532. **Marginata**, Fab.

Bois, jardins, en juin. — Pas très-rare au crépuscule.

Chenille verte ou brune, à stigmatales blanchâtres et lignes dorsales d'un blanc-jaunâtre; vit en juillet et août, sur l'*Ononis spinosa*.

### 533 **Armigera**, Hb.

Champs et jardins, en juin et août. Vole en plein soleil.

Chenille d'un brun-rougeâtre, à ventre plus clair, et trapézoïdaux noirs; vit en juin et juillet, sur une foule de plantes basses [1].

### 534. **Peltigera**, Wv.

Mêmes mœurs, lieux et époques, mais plus rare chez nous.

Chenille d'un vert sale, mate et comme hérissée; vit en juin et juillet, sur plusieurs plantes, mais surtout dans la tête des chardons.

### 535. **Dipsacea**, Lin.

Commune dans les champs de luzerne où elle vole à l'ardeur du soleil, en juillet et août.

Chenille paille, verte, violette ou rougeâtre, à sous-dorsales blanches; vivant sur une foule de plantes des champs, en août et septembre. On se la procure facilement en fauchant.

---

[1] Cette espèce habite tout le globe. Sa chenille est heureusement rare chez nous, car dans le midi de la France elle cause de grands dégâts dans les jardins et même dans les champs. J'ai vu autour de la Voulte (Ardèche) des cultures entières de pois chiches dont chaque gousse contenait une chenille et dont la récolte a dû, cette année-là, être complètement nulle.

## Genre ANARTA, Och.

*Les chenilles sont lisses, très-jolies, et vivent au sommet des plantes ligneuses. Les papillons sont petits, à corps velu, épais, à pattes courtes, à ailes épaisses : les inférieures à bordure noire tranchée. Ils volent en plein jour.*

536. **Myrtilli,** Lin.

Clairières des bois, en mai et août.

Chenille d'un beau vert, à taches guttiformes jaunes; vit en septembre et octobre, au sommet des tiges de bruyères. — Commune.

## Genre HELIODES, Gn.

*Les chenilles sont rases, épaisses et se tiennent au sommet des plantes. Les papillons sont petits, grêles, à corps peu velu, à jambes mutiques. Ils volent le jour.*

537. **Arbuti,** F.

Commune dans les prairies, en mai.

Chenille vert-pâle, à vasculaire foncée et stigmatale blanche; vivant en juin, sur le *Cerastium arvense.*

---

## Tribu MINORES.

Les chenilles ont de 10 à 16 pattes et imitent celles des Tortrix ou des Géomètres. Les papillons sont de très-petite taille, à corps peu velu, à pattes non épineuses. Ils volent généralement en plein jour.

Fam. **ACONTIDÆ.**

Les chenilles sont demi-arpenteuses. Les papillons ont le corps robuste, très-squammeux, le thorax arrondi, les ailes épaisses, lisses, entières, un peu luisantes, disposées, au repos, en toit très-incliné.

Genre AGROPHILA, Bdv.

*Les chenilles n'ont que 12 pattes. Les papillons sont très-petits; ils ont les ailes supérieures oblongues, bigarrées et à franges fortement entrecoupées; leur abdomen est lisse, zoné de noir. Ils volent avec vivacité en plein soleil.*

538. **Sulphuralis,** Lin.[1].

Commune dans les luzernes, sur les coteaux secs, de mai à août.

Chenille verte ou brune, à stigmatale pâle; vivant sur les *Convolvulus* qui croissent au bord des chemins.

---

[1] Un auteur allemand a entrepris, dans ces derniers temps, de pousser jusqu'à l'exagération le principe de la priorité des noms, et il n'a pas hésité à changer dans ce but les dénominations les plus anciennement et les plus universellement adoptées. Citons quelques exemples des espèces familières qu'il a sacrifiées à l'ardeur de son néologisme : dans les Diurnes : les *Lycæna Alexis, Adonis, Amyntas,* le Sat. *Dejanira,* l'Hesper. *Linea;* dans les Nocturnes : le Sph. *Œnotheræ,* la *Zeuzera æsculi;* les Bomb. *Grammica, Purpurea, Testudo, Auriflua, Dictæa;* les Geometra *Bajularia, Amataria, Rhomboidaria Dealbata;* les Noctua *Chenopodii, Dysodea, Polyodon, Pinastri, Pteridis, Rufina, Linariæ, Ænea,* etc., etc. — Ainsi, pour la présente espèce, il a cru devoir supprimer le nom imposé par Linné, le père de la nomenclature, pour y substituer celui de *Trabealis* de Scopoli. Or ce dernier auteur ne vit précisément que par les noms Linnéens, car ses descriptions sont si obscures que presque tous ceux de son crû sont mort-nés. Qui voudrait aujourd'hui ressusciter les *Papilio Achine, Rivularis Macaronius* de Scopoli ?

## Genre ACONTIA, Och.

*Chenilles à 12 pattes (sauf celle de la* Luctuosa*), effilées, à tête petite et un peu carrée; vivant sur les plantes basses. Les papillons, de taille moyenne, ont la tête petite, les antennes courtes et filiformes, le thorax lisse et l'abdomen caréné; leurs ailes sont luisantes, à fond blanc ou jaune et les inférieures ont souvent une bordure noire.*

Genre nombreux et habitant tout le globe. Les espèces sont souvent très-jolies.

### 539. **Solaris,** Wv.

Assez commune sur les luzernes exposées au midi, en mai, puis en août. Vole au soleil.

Chenille verte ou gris-violâtre, à anneaux anguleux et pyramide anale; vivant en juin et septembre, sur les mauves.

### 540. **Albicollis,** Fab.

Mêmes lieux et époques. — Rare dans notre département.

Chenille inconnue.

### 541. **Luctuosa,** Wv.

Très-commune dans toutes les prairies artificielles, les lieux herbus, etc., en juin et août. Vole au soleil, et aussi au crépuscule.

Chenille cylindrique, à 16 pattes, grise rayée; vivant sur les liserons, au bord des chemins.

Nota. Il est très-singulier que deux espèces aussi voisines que celle-ci et la *Solaris* proviennent de chenilles si différentes de forme et de couleur, c'est une exception unique dans l'histoire des Noctuélides.

## Fam. **ERASTRIDÆ**, Gn.

Les chenilles sont demi-arpenteuses et vivent à découvert. Les papillons sont petits, grêles, à antennes simples, à ailes supérieures munies d'une aréole, et disposées au repos en toit écrasé.

### Genre ERASTRIA, Och.

*Les chenilles n'ont que trois paires de pattes membraneuses dont la première beaucoup plus courte, et elles marchent comme les arpenteuses. Les papillons ne volent pas le jour; ils ont les ailes larges, à tache réniforme très-distincte et l'abdomen fortement crêté.*

Les espèces exotiques de ce genre élégant sont tout à fait analogues aux nôtres.

### 542. **Candidula,** Wv.

Je ne l'ai prise qu'une seule fois dans notre département, auprès de Chartres, en juin.

La chenille n'est pas connue. Ce qu'en dit Vieweg est insignifiant.

### 543. **Fuscula,** Wv.

Pas très-rare dans les petits bois, les prés, etc., sur les troncs d'arbres, en mai et juin.

Chenille grise, rayée de brun; vivant en août et septembre, sur les *Rubus*.

### Genre HYDRELIA, Gn.

*Les chenilles vivent dans les marais. Les papillons ont les deux taches cellulaires tranchées, les ailes arrondies, lisses, l'abdomen épais chez les femelles et non crêté.*

**544. Uncana,** Lin.

N'est pas rare, mais localisée et n'habite que les lieux humides et herbus. Roinville-sous-Auneau, bords de la Conie, etc. Juin et août.

Chenille mal connue; vivant sur les *Carex*.

Ici se place une famille assez nombreuse, celle des Anthophilides, qui n'a point de représentant dans notre département.

### Fam. BREPHIDÆ.

(PHALÆNOIDÆ, Bdv.)

Les chenilles sont allongées, à 16 pattes, mais dont 4 sont impropres à la marche, et vivent sur les arbres. Les papillons ont les palpes presque nuls, la trompe courte, le corps grêle très-velu, les pattes à ergots très-courts, les ailes farineuses, etc.

Singulière famille où la plupart des organes de l'insecte parfait sont avortés ou rudimentaires, quoique les chenilles diffèrent peu de celles des genres voisins. Elle ne contient qu'un seul genre.

Genre BREPHOS, Och.

**545. Parthenias,** Lin.

Commune, en mars, dans les bois de bouleaux où elle vole le jour et seulement par un soleil bien pur.

Chenille verte, à lignes et trapézoïdaux jaunes; vit en juin et juillet, sur le bouleau.

**546. Notha,** Hb.

Mêmes lieux, mœurs et époque. Préfère certains bois où elle remplace sa congénère, dont elle se distingue par ses antennes ciliées.

Chenille verte, à ligne noire latérale et tête tachée; vit en juin et juillet, sur le bouleau.

# Divis. QUADRIFIDÆ, Gn.

*Les chenilles ont presque toujours les pattes incomplètes; les palpes ont le dernier article long ou spatulé. Les ailes inférieures sont souvent chargées de dessins, et leur nervule indépendante est presque toujours réunie aux trois autres.*

Cette division est presque entièrement composée d'exotiques et présente chez nous de très-nombreuses lacunes. Elle est au contraire très-abondante en espèces intertropicales.

## Tribu VARIEGATÆ, Gn.

L'indépendante est plus faible que les autres nervules. Les ailes sont luisantes, anguleuses ou marquées de signes métalliques.

### Fam. PLUSIDÆ, Bdv.

Les chenilles marchent en arquant leurs premiers anneaux, elles sont atténuées en avant et leurs trapézoïdaux portent chacun un poil. Les papillons ont les antennes filiformes, le thorax muni de huppes, l'abdomen crété, les ailes luisantes, les inférieures unies.

#### Genre ABROSTOLA, Och.

*Les chenilles ont 16 pattes. Les papillons n'ont pas de signes métalliques.*

547. **Triplasia,** Lin.

Vole communément le soir dans les jardins, en juin et août.

Chenille verte ou grise, à V blancs latéraux et taches noires rhomboïdales des 4e et 5e anneaux; vit en juillet et octobre, sur les orties.

548. **Tripartita,** Hfn. (*Urticæ*, Hb.)

Aussi commune que la précédente. Mêmes mœurs et localités.

Chenille verte ou grise, à traits latéraux et taches en fer à cheval; vit en juillet et octobre, sur les orties.


Genre PLUSIA, Och.


*Les chenilles n'ont que 12 pattes. Les papillons ont les ailes brillantes et presque toujours marquées de signes d'or ou d'argent.*

549. **Gamma,** Lin.

La plus commune de toutes les Noctuelles. Vole le soir et parfois le jour dans les jardins, les prairies artificielles, etc., presque toute la belle saison.

Chenille d'un vert d'eau à lignes et points blancs; vivant d'avril à août sur toutes les plantes basses.

550. **Iota,** Lin.

Jardins et bois. — Rare chez nous. Juin.

Chenille vert pistache, à lignes jaunes flexueuses et tête concolore; vivant sur le chèvrefeuille, en avril.

551. **V Aureum,** Engr.

Rare dans le département. Chartres, Longsaulx.

Distincte de la précédente par ses caractères légers mais constants. J'ai pris la chenille sur la consoude près de Fontaine-bouillant, mais je n'en ai pas gardé de description précise.

**552. Festucæ,** Lin.

Jardins humides, marais. Vole le soir sur les fleurs de lavande, de l'hyssope, en août. Bords du Loir.

Chenille sans éminences, verte, à lignes blanches; vivant sur les *Festuca* et graminées aquatiques, en juillet.

**553. Chrysitis,** Lin.

Prés, jardins bas, en juillet et août. — Commune dans tout le département.

Chenille vert-clair, à traits blancs obliques; vit en avril et septembre, sur les menthes, au bord des ruisseaux.

Ici se placent deux belles familles presque entièrement composées d'exotiques, celle des Calpides, dont une seule espèce *(C. Thalictri)* habite l'Europe méridionale, et celle des Hyblæides, curieuse, mais complétement exotique. Quant à la famille des Hémicerides qui les avoisine dans mon *Species*, j'aï reconnu depuis qu'elle sera mieux à sa place non loin des Notodontides.

### Fam. GONOPTERYDÆ, Gn.

Les chenilles sont longues, lisses et veloutées. Les chrysalides ont la partie postérieure coupée carrément. Les papillons ont les palpes très-longs, le thorax carré, l'abdomen déprimé, les ailes anguleuses et souvent découpées.

L'unique espèce européenne de cette famille paraît déplacée dans tous les systèmes qui se bornent aux indigènes, parce qu'une foule de genres exclusivement exotiques l'entourent et peuvent seuls combler les lacunes. Aussi a-t-elle été pour tous une pierre d'achoppement. Certains même se sont délivrés d'embarras en l'omettant complétement. La famille des Gonoptérides devra même se diviser en plusieurs autres.

### Genre GONOPTERA, Latr.

*Les chenilles ont 16 pattes, elles sont longues et vivent à découvert, étendues sur les feuilles. Les chrysalides ne s'enterrent pas et sont carénées antérieurement. Les papillons ont les antennes ciliées, les palpes droits et relevés, le toupet frontal saillant, les pattes très-fortes, tachées de blanc, les ailes supérieures déchiquetées, etc.*

**554. Libatrix,** Lin.

Commune dans tout le département, en octobre et novembre. Passe l'hiver et s'introduit fréquemment dans les habitations.

Chenille verte, veloutée; vit à découvert, sur les feuilles des saules et des peupliers, en juillet et août. Elle les lie ensemble pour former sa coque qui est d'une belle soie blanche.

Tribu INTRUSÆ. Gn.

Les chenilles ont 16 pattes complètes. Les chrysalides sont enterrées. L'abdomen des papillons est déprimé, leurs ailes sont épaisses, larges, squammeuses, sans ornements métalliques.

Fam. AMPHIPYRIDÆ, Gn.

Les chenilles, vertes, à lignes blanches, ont la tête petite et vivent à découvert. Les papillons ont les antennes simples, les ailes oblongues, les secondes souvent luisantes, ne participant jamais au dessin des premières; leur indépendante est très-faible.

Genre AMPHIPYRA, Och.

*Les chenilles ont la peau épaisse et une saillie plus ou moins prononcée sur le 11ᵉ anneau. Les papillons ont l'abdomen aplati et velu latéralement, les ailes luisantes et squammeuses bien en-*

*tières; au repos elles sont croisées et nullement déclives, ce qui permet à l'insecte de s'aplatir pour se fourrer dans les fentes ou les feuillures.*

### 555. **Pyramidea**, Lin.

Commune dans tout le département, en août.

Chenille verte, à lignes blanches, avec le 11ᵉ anneau relevé en pyramide; vit en mai, sur les chênes, les saules, etc.

### 556. **Tragopogonis**, Lin.

Très-commune, en juillet et août, dans le voisinage des habitations.

Chenille verte, à lignes blanches très-nettes, à 11ᵉ anneau à peine relevé; vit sur toutes les plantes basses, en juin.

### Fam. **MANIIDÆ**, Gn.

Les chenilles ressemblent aux Noctuides et vivent cachées sous les plantes basses. Les papillons ont le thorax carré, crêté, l'abdomen peu aplati, les palpes larges, les ailes développées, dentées, à indépendante bien marquée. Ils vivent dans les lieux humides.

### Genre NÆNIA, Stph.

*Les ailes du papillon sont peu dentées, à nervures claires, les inférieures unies, l'abdomen n'est pas crêté.*

### 557. **Typica**, Lin.

Pas rare dans les environs de Chartres et de Châteaudun, mais il faut l'élever de chenille. Juin.

Chenille grise, à stigmatale ondulée et bordée de noir; vit en mai, cachée sous les feuilles des *Rumex*.

## Genre MANIA, Tr.

*La chrysalide est saupoudrée de bleuâtre comme celle des* Catocala. *Le papillon a les ailes fortement dentées, les inférieures participant aux dessins des supérieures, l'abdomen est fortement crêté dans les deux sexes.*

### 558. **Maura**, Lin.

Cette belle Noctuelle n'est pas très-rare dans le voisinage des rivières, des moulins, des ponts, etc., en juillet et août.

Chenille noirâtre, à traits obscurs et à stigmates orangés; vit en mai, sur plusieurs plantes basses, dans les lieux humides.

### Fam. **TOXOCAMPIDÆ**, Gn.

Les chenilles sont rases, à 16 pattes, mais dont deux plus courtes. Les papillons ont les antennes subciliées, le collier relevé et noir, l'abdomen lisse, les ailes sablées, entières, les inférieures sans dessin, à indépendante bien marquée et isolée.

## Genre TOXOCAMPA, Gn.

*Les chenilles cylindriques, lisses, veloutées se roulent en hélice et vivent sur les légumineuses. Les papillons ont le corps assez mince, la trompe grêle, les pattes longues, les ailes aiguës au sommet, à tache réniforme dessinée en noir.*

### 559. **Craccæ**, Wv.

Jardins, prairies, au crépuscule, en juillet et août. — Pas commune.

Chenille brune, à lignes longitudinales; vivant, en juin, sur la *Vicia multiflora*.

560. **Pastinum**, Tr.

Mêmes localités et bois humides, lieux frais, etc., en juin.
— Un peu moins rare.

Chenille gris de lin, à points noirs et traits orangés;
vivant en mai, sur la *Vicia cracca*.

Ici se placent plusieurs familles qui n'ont en Europe que de
rares représentants dont aucun n'habite le département.

---

## Tribu LIMBATÆ, Gn.

Les chenilles ont 16 pattes, mais cependant marchent en arquant leurs anneaux. Les papillons sont de grande taille, à ailes
épaisses, larges : les inférieures toujours de couleurs différentes, bicolores de part ou d'autre, l'indépendante toujours
robuste et rapprochée des trois autres.

### Fam. CATEPHIDÆ, Gn.

Les chenilles ont 16 pattes complètes et pas de frange latérale.
Les papillons ont le thorax et l'abdomen crêtés, les ailes veloutées, subdentées : les inférieures ayant le milieu blanc ou dia-
phane.

#### Genre CATEPHIA, Och.

*Les chenilles sont cylindriques, à longues pattes inégales, à
pointes pyramidales. Les papillons ont les jambes antérieures
velues et même laineuses, les palpes contigus, les ailes supérieures dentées, épaisses, noires, les inférieures peu développées, noires, tachées de blanc.*

561. **Alchymista**, Wv.

Rare partout. Se pose sur le tronc des chênes appelés
*trognes* dans le Perche. Mai.

Chenille grise, ponctuée de noir, à collier jaune, avec 4 pointes sur les 4ᵉ et 11ᵉ anneaux; vit en août, sur les chênes.

### Fam. **CATOCALIDÆ**, Bdv.

Les chenilles ont le ventre aplati, taché de noir, et les côtés garnis d'appendices charnus en forme de franges. Les chrysalides sont efflorescentes. Les papillons sont grands, à pattes robustes, à abdomen conique et velu, à ailes larges, épaisses, dentées : les supérieures nébuleuses, les inférieures rouges, jaunes ou noires avec des bandes noires.

Tout le monde connaît ces belles Noctuelles qui s'appliquent le jour sur les troncs des arbres ou sous le rebord des toits, et fournissent de temps à autre un vol court et rapide. Nos espèces européennes sont nombreuses: celles de l'Amérique boréale le sont bien plus encore, bien qu'il en reste encore beaucoup à découvrir ; leurs ailes passent par toutes les nuances depuis le rouge minium jusqu'au carmin le plus pur, depuis le jaune serin jusqu'à l'orangé le plus foncé. Un groupe les présente toutes noires, mais en dessous les bandes se retrouvent. La Sibérie a aussi les siennes, mais les contrées chaudes du globe n'en possèdent pas.

562. **Fraxini**, Lin.

> Troncs des trembles et des peupliers, en septembre. — Se trouve dans tout le département. mais jamais en grand nombre.

> Chenille gris-blanchâtre aspergé : vivant en juin et juillet, sur les peupliers.

563. **Nupta**, Lin. [1]

> C'est la plus commune, mais non la moins belle. Tout le département, en juillet et août.

---

[1] Je n'ai jamais pris ici l'*Elocata*. mais je soupçonne qu'elle habite aussi notre département.

Chenille fusiforme, aplatie, grise, à trapézoïdaux saillants; vit en mai et juin, sur les peupliers et les saules.

### 564. **Electa**, Bork.

Ponts, moulins, prés plantés de peupliers, oseraies, en
août et septembre. — Çà et là dans tout le département.

Chenille grise, à verrues trapézoïdales roussâtres; vivant
sur les saules et les osiers, en juin et juillet.

### 565. **Sponsa**, Lin.

Bois de chênes, en juin et juillet, sur les troncs. — Commune dans les grands bois.

Chenille grise marbrée avec deux tubercules sur les 8e et
11e anneaux; vit en mai, sur le chêne.

### 566. **Promissa**, Wv.

Bois de chênes, futaies et parties ombragées, en juin et
juillet. — Pas très-rare.

Chenille verte, marbrée de noir, à place noirâtre entre
les 8e et 9e anneaux; vit sur les chênes, en mai.

Cette chenille, beaucoup plus rare que celle de *Sponsa*, se
tient probablement plus haut sur les troncs.

Cinq familles suivent celle des Catocalides, la plupart renfermant des plus belles et des plus grandes espèces de Noctuélides,
mais toutes composées d'exotiques. On y remarque les Erébides
qui sont de véritables géantes, parmi lesquelles la *Thysania
Agrippina*, le plus grand des Lépidoptères connus, ne mesure
pas moins de 25 à 30 centimètres d'envergure. — Les Ophidé-
rides, belles et grandes espèces, à ailes inférieures jaunes, bordées de noir, et dont les chenilles, découvertes depuis la publication de mon *Species*, ressemblent à celles des Sphinx et portent comme eux de grandes taches latérales ocellées et une éminence sur le 11e anneau, mais dont la première paire de pattes
membraneuses est atrophiée. — Les Ommatophorides, grandes
Noctuelles, dont les ailes sont ornées de larges yeux comme
celles des Saturnides. — Les Hypopyrides qui présentent les
couleurs les plus vives en dessous et dans lesquelles un genre

splendide (*Calliodes*, Gn.) s'est augmenté, dans ces derniers temps, de plusieurs magnifiques espèces australiennes, etc., etc., mais la douceur de nos climats n'admet pas ces grandes créatures si chaudement colorées.

---

### Tribu SERPENTINÆ, Gn.

Les chenilles sont longues, effilées, et ont les premières paires de pattes ventrales plus courtes ou nulles. Les papillons n'ont point les palpes spatulés, ni l'abdomen aplati, leurs ailes sont larges, veloutées, à taches distinctes : les inférieures à indépendante aussi forte et insérée au même point que les trois autres.

Cette tribu comprend encore quatre familles nombreuses dans lesquelles les Européens ne forment qu'une imperceptible minorité.

### Fam. OPHIUSIDÆ, Gn.

Les chenilles ont les pattes très-longues, en nombre ordinaire, mais la première paire courte ou nulle. Les papillons sont de grande taille, à ailes veloutées plus ou moins aiguës au sommet.

### Genre OPHIODES, Gn.

*Les chenilles ont deux taches claires sur le 4e anneau, deux tubercules sur le 11e et des taches noires sous le ventre; elles vivent à découvert, sur les arbres. Les papillons ont les palpes relevés en bec, le thorax carré et caréné, l'abdomen lisse, les ailes à peine dentées, à lignes médianes disposées en trapèze.*

567. **Lunaris,** Wv.

Pas rare dans les grands bois. Se cache dans les broussailles et vole de temps en temps en plein jour. Mai.

Chenille grise, à atômes noirs et tête jaune et ferrugineuse; vivant en juillet, sur le chêne.

Fam. **EUCLIDIDÆ**, Gn.

Les chenilles n'ont que quatre paires de pattes membraneuses
dont la première très-courte; elles vivent parmi les herbes,
tenant toute la partie antérieure repliée en hélice. Les papillons sont assez petits, à corps assez grêle, lisse, à palpes courts,
à ailes entières; les supérieures à larges taches foncées.

### Genre EUCLIDIA, Och.

*Les chenilles ont la tête grosse et sphérique. Les papillons ont
les antennes pubescentes, la trompe grêle, la tête petite, l'abdomen court, les jambes postérieures épineuses, les ailes arrondies : les postérieures bicolores. Ils volent en plein jour.*

568. **Mi,** Lin.

Assez commune dans les luzernes, les clairières des bois,
les prairies sèches, en mai.

Chenille longue, jaune clair, à lignes roussâtres; vivant
en septembre, sur les plantes basses.

569. **Glyphica,** Lin.

Très-commune dans les luzernes et les prairies chaudes,
en mai et août.

Chenille roussâtre finement rayée, à stigmatale jaune;
vit en août et septembre, sur les *Vicia*.

Elle a en réalité 14 pattes, seulement les deux premières ventrales sont si réduites qu'elles échappent à une observation su-
perficielle. N'en est-il pas de même de l'Eucl. *Mi* à laquelle tous
les auteurs, même Lyonnet, n'en donnent que 12?

Fam. **POAPHILIDÆ**, Gn.

Les chenilles ont 16 pattes dont deux plus courtes. Les papillons sont petits, à corps grêle, à pattes peu velues, à ailes entières et pulvérulentes.

Genre PHYTOMETRA, Haw.

*Les chenilles sont inconnues. Les papillons ont l'aspect phalé-
niforme, les antennes courtes et filiformes, les palpes longs et
relevés, le corps très-grêle, les ailes entières, veloutées, à
taches nulles ou très-réduites. Volent le jour.*

570. **Ænea,** Wv.

Commune partout dans les lieux herbus et secs où elle
bourdonne au soleil.

On n'a pas encore élevé la chenille et c'est un tort, car
elle a peut-être des caractères propres, le papillon différant
beaucoup des deux autres espèces européennes.

Ici s'arrête la liste des Noctuelles de nos contrées, mais non
celle des exotiques; il y a encore plusieurs familles, et, entre
autres, celle des Thermésides qui est immense et dont il nous
arrive à chaque instant de nouvelles espèces. Il est à regretter
que la France ne produise aucun représentant de cette famille
qui relie les Noctuelles avec les Deltoïdes et qui puisse faire
juger de l'enchaînement de ces deux légions, que les Allemands
ont été jusqu'à réunir en une seule.

## Legio **DELTOIDÆ**, Latr.

*Les chenilles sont moniliformes, non velues, à 14 ou 16 pattes, jamais renfermées, vivant solitaires sur les arbres et les plantes. Les papillons ont les antennes plus ou moins ciliées, parfois munies de nodosités, les palpes labiaux seuls visibles, comprimés, dépassant toujours et souvent de beaucoup la tête, le corps grêle, jamais crêté, les pattes souvent pénicillées, les ailes larges, ne se recouvrant pas, ni relevées ni roulées autour du corps.*

### Fam. **HYPENIDÆ**, H. S.

Les chenilles ont 14 pattes; elles ont des poils courts et isolés, partant des trapézoïdaux; elles sont vives et frétillantes et vivent à découvert. Les papillons sont phaléniformes, à ailes larges et minces, aiguës au sommet, à indépendante isolée; leurs palpes sont longs et comprimés latéralement.

C'est la famille qui se rapproche le plus des derniers genres de Noctuelles (*Plaxia*, *Hypenaria*, etc.). Elle est très-nombreuse en espèces exotiques et j'en ai reçu une grande quantité depuis la publication de mon *Species*.

### Genre HYPENA, Schr.

*Les papillons sont très-reconnaissables au $2^e$ article de leurs palpes démesurément long, droit et étendu en avant, à leurs ailes inférieures très-développées et un peu plissées, les supérieures ont une aréole; le front est pourvu de stemmates.*

### 571. **Proboscidalis**, Lin.

Vole le soir en grande abondance autour des orties. Juin et août. — Très-commune partout. Varie, surtout pour la taille.

Chenille verte, veloutée, à vasculaire foncée et à sous-dorsales claires ; vivant en mai et juillet, sur les orties.

**572. Rostralis,** Lin.

Commune partout, en juillet, septembre et octobre. S'introduit souvent dans les maisons pour y passer l'hiver.

*Var.* VITTATUS, Haw.

*Var.* PALPALIS, Fab.

Chenille verte, à sous-dorsale blanche ; vivant en juillet, sur le houblon.

## Genre HYPENODES, Gn.

*Les papillons sont de petite taille ; ils n'ont ni stemmates ni aréole, leur abdomen est plus long que celui des* Hypena, *leurs ailes supérieures plus étroites, à dessins plus confus.*

**573. Albistrigalis,** Haw.

Parties ombragées des grands bois, en juin. Forêt de Fréteval. — Rare.
Chenille inconnue.

**574. Costæstrigalis,** Stph.

Se prend avec la précédente et aussi rarement qu'elle.
Chenille inconnue.

## Fam. RIVULIDÆ, Gn.

Les chenilles sont courtes, épaisses, à tête très-grosse, à trapézoïdaux verruqueux. Elles ont 16 pattes égales et vivent dans les lieux marécageux. Les chrysalides ont la tête bifide et sont attachées par la queue et entourées d'un lien comme les Diurnes. Les papillons ont les palpes triangulaires, à 3e article dérobé, des stemmates, l'abdomen lisse, les ailes sans aréole ni 2e supérieure.

Genre RIVULA , Gn.

### 575. Sericealis, Scop.

Très-commune dans les prés humides et marécageux,
en juin et juillet.

Chenille d'un beau vert, à sous-dorsales blanches ; vivant
en avril et mai, sur les *Carex* ?

Tous les états de cette jolie petite espèce sont très-curieux à
étudier, particulièrement celui de chrysalide. Le genre n'a pas
d'analogues ni en Europe ni ailleurs et mérite certainement
de constituer une famille séparée.

### Fam. MADOPIDÆ, Gn.

Les chenilles ont 14 pattes, elles sont unies, vertes, avec des
poils isolés, et vivent sur les saules. Les papillons ont les
palpes courts, triangulaires, l'abdomen lisse et cylindrico-
conique, les ailes entières, lisses, les supérieures aiguës, à
lignes distinctes, les inférieures peu développées, arrondies, ne
participant point aux dessins des premières.

Genre MADOPA , Stph.

### 576. Salicalis, Wv.

Un peu partout, mais toujours rare. Bois humides, en
mai.

Chenille verte unie, vivant sur les saules, en juillet.

### Fam. HERMINIDÆ, Dup.

Les chenilles sont rugueuses, épaisses, ramassées, aplaties
en dessous et vivent cachées. Les papillons ont les antennes le
plus souvent garnies de nodosités chez les mâles, les jambes
antérieures munies de pinceaux de poils, les ailes saupoudrées,
entières, à dessins communs.

## Genre SOPHRONIA, Dup., Gn.

*La chenille est longue ( pour cette famille ), géométriforme, à 14 pattes, dont une paire très-courte. Le papillon a les palpes longs mais minces, écartés et non comprimés, l'abdomen ne dépasse pas les ailes qui sont toutes bien semblables, à lignes très-marquées.*

### 577. **Emortualis**, Wv.

Bois couverts. Bailleau, Fréteval. — Pas très-commune et localisée. Juin.

Chenille fauve, marbrée, à trapézoïdaux noirs ; vit sur le chêne, en octobre.

## Genre HERMINIA, Latr.

*Les chenilles sont courtes, fusiformes, aplaties en dessous, à incisions profondes, à 16 pattes complètes ; vivant cachées parmi les feuilles sèches. Les papillons ont les palpes très-longs, comprimés, ascendants, les antennes ciliées et parfois garnies de nodosités et les jambes antérieures pénicillées ; les ailes à coudée ou subterminale communes.*

### 578. **Derivalis**, Hb.

Commune, en juin et juillet, dans tous les bois.

Chenille rougeâtre ; vivant dans les feuilles sèches, au pied des chênes, en octobre et novembre.

### 579. **Grisealis**, Wv.

Plus rare. Bois et parcs, en juin. On la fait envoler en battant les feuilles.

Chenille grise, à taches et lignes noirâtres ; vivant, en avril et mai, sur les plantes basses.

### 580. **Tarsipennalis**, Treits.

Rare partout. Bois, en juillet. Châteaudun.

J'ai élevé sa chenille d'œufs. Elle est d'un brun-violâtre, marbré, tous les points ordinaires sont verruqueux, noirs, cerclés de
jaune pâle, la vasculaire est sombre, les incisions sont carnées,
le ventre et les pattes concolores ; pour la forme elle est moins
fusiforme et moins aplatie en dessous que *Barbalis* et se rapproche de *Derivalis*. Elle vit jusqu'en avril sur le chêne, dont
elle préfère les feuilles desséchées aux fraîches. Elle n'a touché à
aucune des nombreuses plantes basses que j'ai mises à sa portée.

### 581. **Tarsicrinalis,** Knock.

Très-rare ici. Bois, en juin et juillet.

Chenille vert-sombre, à taches dorsales triangulaires et
4 points blancs sur le dernier anneau ; vit en septembre et
octobre, jusqu'en mars, sur les plantes qui croissent dans
les buissons (Freyer.). — Je pense qu'elle doit avoir une
nourriture analogue à la précédente dont elle a les mœurs.

### 582. **Barbalis,** Lin.

Très-commune, dans tous les bois, en mai et juin. Vole
le jour.

Chenille très-aplatie en dessous, d'un brun cannelle, ver-
miculée de ferrugineux, à vasculaire noirâtre ; vit depuis
septembre jusqu'en mars, dans les feuilles sèches.

### 583. **Tarsiplumalis,** Hb.

Commune dans les bois, jardins, parties ombragées, etc.,
en juin.

Chenille inconnue.

### Genre HELIA, Gn.

*Les chenilles sont courtes, mais cylindriques, à trapézoïdaux
verruqueux et munis d'un poil, à 16 pattes, dont la première
paire ventrale plus courte. Les papillons ont les antennes fortement ciliées, les palpes ensiformes, les pattes antérieures sans
pinceaux de poils, les ailes épaisses, squammeuses, nébuleuses.*

Ce genre, si distinct des précédents sous tous ses états, méri-
terait peut-être de constituer une famille ; il pourrait d'ailleurs

se scinder en deux, sinon en trois, malgré le petit nombre de ses espèces. Une seule est européenne.

**584. Calvaria, Wv.**

> Très-rare ici. Août. Bord des chemins plantés de trognes, dans le Perche. Vole en plein soleil.
>
> Chenille lisse, brun-rougeâtre, à trapézoïdaux noirs; vit sur les *Rumex*.

### Fam. BOLETOBIDÆ, Gn.

Les chenilles sont longues, cylindriques, à tête globuleuse, à trapézoïdaux saillants et pilifères; elles n'ont que 12 pattes et vivent sur les cryptogames. Les papillons ont les antennes ciliées, les palpes droits, hérissés, les ailes arrondies, égales, nébuleuses, festonnées, à dessins complétement communs.

J'ai placé ce genre, dans mon *Species*, auprès des Boarmides, mais en avertissant de son affinité avec les précédentes familles auprès desquelles il me paraît mieux aller aujourd'hui, les chenilles n'étant pas franchement arpenteuses.

### Genre BELOTOBIA, Bdv.

**585. Fuliginaria, Lin.**

> Lieux humides, murs, maisons obscures, en juin et août. — Rare partout.
>
> Chenille noire, à trapézoïdaux ferrugineux; vit sur les bolets du bois pourri et les lichens, en juillet.

Depuis la publication de mon *Species*, j'ai reçu deux espèces nouvelles de ce genre, l'une de l'Amérique septentrionale, l'autre du nord de l'Inde. Elles ont beaucoup de rapports avec la nôtre.

## Legio **PYRALIDÆ**, Lin.

*Les chenilles ont 16 pattes complètes ; elles sont épaisses, mo-*
*niliformes, fusiformes, lisses, luisantes, à écussons cornés. Les*
*papillons ont les antennes longues et déliées, souvent les 4*
*palpes distincts, l'abdomen conique, les pattes longues, à tarses*
*prolongés, la poitrine souvent garnie d'une lame squammeuse*
*(le tablier), les ailes minces, luisantes, point d'aréole, la mé-*
*diane des inférieures quadrifide.*

Immense légion habitant tout le globe et dont certainement la
moitié n'est pas découverte.

### Tribu SQUAMOSÆ, Gn.

Les chenilles sont courtes, vermiformes et habitant l'intérieur des tiges dont elles rongent la moelle. Les papillons ont
l'aspect des petites Noctuelles, 4 palpes courts, des stemmates,
un oviducte, un tablier : les ailes épaisses avec une seule ligne
fulgurée ou dentée.

### Fam. **ODONTIDÆ.**

Les caractères de la tribu.

### Genre ODONTIA.

*Les palpes labiaux dépassent la tête et sont disposés en bec.*
*La trompe est presque nulle ; les quatre ailes sont presque con-*
*colores.*

586. **Dentalis**, Wv.

Un peu partout, mais jamais bien commune. Juin et
août. Vole le soir autour des vipérines en fleur.

Chenille blanche, à tête et points noirs; vit en mai, dans les tiges de la vipérine (*Echium*).

L'autre genre de la famille a une trompe forte, les palpes dépassant la tête, et les ailes inférieures de couleurs vives. Il n'habite pas la France.

## Tribu PULVERULENTÆ, Gn.

Les chenilles vivent de substances végétales ou même animales. Les papillons n'ont point de tablier; la nervure costale de leurs secondes ailes est libre; les ailes sont épaisses, ni transparentes ni irisées.

### Fam. PYRALIDÆ, Gn.

Les chenilles luisantes, plissées, vivent de matières animales ou de produits manufacturés. Les papillons ont les palpes maxillaires à peine visibles, les labiaux médiocres, les antennes non pectinées, les ailes épaisses et squammeuses, à franges très-fournies, ils fréquentent l'intérieur des habitations.

#### Genre PYRALIS, Lin.

*Les chenilles sont luisantes, plissées, à côtés saillants, et vivent de provisions végétales. Les papillons n'ont pas de stemmates, leurs ailes sont oblongues, à lignes écartées; ils ont une trompe distincte quoique peu robuste.*

587. **Fimbrialis,** Wv.

Bois, jardins, haies, en juillet et août. — Jolie espèce qui n'est pas commune.
Chenille inconnue.

588. **Farinalis**, Lin.

Intérieur des maisons. — Très-commune, en juin, juillet, août. Se pose sur les murs et les plafonds en relevant l'abdomen.

Chenille gris-jaunâtre, pâle, à tête ferrugineuse et écussons jaunes; vivant de son, de farine, amidon, etc., dans des galeries qu'elle se forme dans les réceptacles de ces denrées [1].

589. **Glaucinalis**, Lin.

Çà et là dans les bois, les jardins, sur les fleurs, en juillet et août.

La chenille est inconnue et doit avoir des mœurs analogues à la précédente, car la femelle est munie d'un oviducte destiné sans doute à introduire ses œufs dans quelque milieu exceptionnel. Quant aux habitudes de l'insecte parfait, elles ne contrarient en rien cette supposition si l'on songe à celles des *Dermestes*, *Anthrènes*, etc.

### Genre AGLOSSA, Latr.

*Les chenilles sont longues, luisantes, cornées, plissées sur les côtés, vivant de substances animales et végétales. Les papillons n'ont point de trompe ni de stemmates, leurs ailes sont luisantes mais squammeuses et pulvérulentes, leur abdomen est terminé par un oviducte, leurs palpes sont larges, droits et hérissés.*

590. **Pinguinalis**, Lin.

Commune dans les lieux habités mais obscurs, celliers, hangars, greniers, etc., en juillet.

Chenille brune, à écussons plus foncés; vivant en mars

---

[1] Nul doute que ce ne soit une espèce nuisible, puisqu'elle s'attache à nos provisions. Chacun peut constater le mal et trouver le remède, qui consiste dans la propreté des magasins et le soin de remuer de temps en temps les denrées.

et avril dans les lieux sales et privés de lumière, sur la graisse et les substances animales et végétales décomposées [1].

**591. Cuprealis, Hb.**

Aussi commune que la précédente, dans les mêmes endroits et à la même époque.

Chenille noire, à tête ferrugineuse et écussons d'un rouge clair; vivant dans des galeries de soie blanche dans nos provisions.

Fam. **CLEDEOBIDÆ**, Dup.

Les chenilles sont inconnues. Les papillons ont les antennes pectinées, les palpes longs, jamais ascendants, des stemmates et une trompe distincte, le corps grêle, les ailes étroites, coupées de traits costaux. Les deux sexes diffèrent beaucoup.

Genre CLEDEOBIA, Stph.

**592. Angustalis, Wv.**

Lieux secs, gazons arides. Vole terre à terre en plein jour. Femelles beaucoup plus rares que les mâles. Juillet et août.

C'est la seule espèce de la famille qui habite nos environs.

---

[1] Elle passe pour une ennemie domestique, bien que ses dégâts soient insignifiants parce qu'elle n'est jamais très-abondante; mais on la redoute parce qu'elle a en outre la réputation de pénétrer parfois dans les intestins même de l'homme où elle exerce, dit-on, des ravages effrayants. J'ai dit (*Species*, p. 126) ce que je pense de la possibilité de ce parasitisme, et mon opinion se trouve confirmée par un bon observateur, M. Goossens, dans les annales de la Société entomologique de France (1869, p. 423). Le même entomolgiste nous a fait connaître d'une manière précise les chenilles des P. *Cuprealis* et *Farinalis*.

## Tribu HETEROGENIDÆ, Gn.

Tribu nouvelle, encore très-imparfaite, faute de matériaux suffisants, et qui devra se diviser par la suite. Elle comprend un certain nombre de familles toutes composées d'exotiques et au nombre desquelles se trouve la suivante.

### Fam. SARROTHRIPIDÆ, Gn.

Les chenilles sont unies, tortriciformes, très-vives, à 16 pattes et à trapézoïdaux pilifères. Les chrysalides sont efflorescentes et renfermées dans des coques naviculaires comme les *Halias*. Les papillons ont les palpes labiaux seuls visibles, saillants, en bec incombant, la trompe moyenne, les antennes simples; l'abdomen lisse et luisant, les ailes entières, soyeuses, les supérieures oblongues, à dessins nets, les inférieures plus développées, unicolores. Pas d'aréole ni d'indépendante.

### Genre SARROTHRIPA, Curt.

593 **Revayana**, Wv.

Pas très-rare dans les bois, les oseraies, etc., de tout le département, en septembre et octobre.

Varie extrêmement. On trouve chez nous tous les types à peu près aussi souvent les uns que les autres; néanmoins la *Degenerana*, Hb., et l'*Ilicana*, F., sont les plus communes et la *Ramosana*, Hb., la plus rare.

Chenille entièrement verte; vivant sur les marsaulx à l'extrémité des branches dans un tube de soie blanche placé entre des feuilles rassemblées, en août et septembre.

Nota. Il y a une grande ressemblance entre la chrysalide et la coque de cette espèce et celles des Cymbides du genre *Earias*, et les auteurs modernes sont partis de cette ressemblance pour les réunir dans une même famille (*Nycteolidæ* des Allemands); mais si l'on examine le premier et le dernier état, on s'apercevra bien vite qu'elles n'ont en réalité aucun rapport sérieux; la nervulation, entre autres caractères, est complétement différente.

---

## Tribu LURIDÆ, Gn.

Les chenilles sont luisantes, à trapézoïdaux verruqueux et pilifères, et vivent renfermées dans des cavités parmi les plantes. Les papillons ont une trompe distincte, les palpes jamais très-longs, les ailes lisses, souvent irisées ou un peu transparentes, les inférieures ont la sous-costale croisée en X avec la disco-cellulaire.

### Fam. **HERCYNIDÆ**, Dup.

Les chenilles vivent à la base des plantes, dans des boyaux de soie. Les papillons ont les antennes simples, les palpes courts, souvent au nombre de 4, le corps robuste et un peu velu. Ils ressemblent à de petites Noctuelles et volent le jour.

### Genre THRENODES, Dup.

*Les palpes maxillaires sont courts et coniques, le tablier est vertical, les cuisses et les tibias antérieurs sont velus; les 4 ailes sont semblables, mates, foncées, à taches blanches.*

594. **Pollinalis,** Wv.

Commune dans tous les bois, où elle vole au soleil, en mai.

Chenille grise, à 5 lignes brunes; vit en juin et juillet, sur les genêts et les cytises.

## Genre HELIOTHELA, Gn.

*Les 4 palpes sont isolés, égaux, non velus, la trompe est longue et forte, le tablier nul, les pattes non velues, les ailes luisantes, les inférieures seules tachées de blanc.*

### 595. **Atralis**, Hb.

Bois herbus, en juin et juillet. — Partout, mais nulle part commune.

Chenille inconnue.

Les autres genres, assez nombreux, de la famille sont propres aux pays de montagnes.

### Fam. **EUNYCHIDÆ**, Dup.

Les chenilles sont courtes, très-fusiformes, à écussons cornés très-distincts, et vivent dans les feuilles réunies avec de la soie. Les papillons sont très-petits, vifs, à palpes squammeux et non velus, droits, à trompe robuste, à tablier distinct, à pattes longues, grêles, non velues, à ailes concolores.

## Genre PYRAUSTA, Latr.

*Les chenilles vivent sur les menthes, l'origan, etc. Les papillons ont les palpes maxillaires très-petits, le tablier subvertical, l'abdomen conique et zoné, les ailes vivement colorées; les inférieures à bande jaune sur un fond noir. Ils volent avec une très-grande vivacité au soleil le plus ardent.*

### 596. **Porphyralis**, Wv.

Très-rare chez nous. En mai et août.

.597. **Punicealis**, Wv.

Très-commune partout, en mai et août, sur les pentes chaudes remplies d'Origan. Varie beaucoup.

Chenille grise, à double ligne dorsale et stigmatale jaunes; vivant en juillet et août, entre les feuilles de l'*Origanum vulgare*.

598. **Purpuralis**, Lin.

Clairières des bois herbus, en mai et août. — Partout. Varie beaucoup.

*Var*. Chermesinalis, Gn.

Chenille cendrée, à vasculaire et stigmatale jaunes et points trapézoïdaux noirs et blancs; vivant sur les menthes (et l'aubépine?), Stph.

599. **Ostrinalis**, Hb.

Mêmes époques et localités. — Pas plus rare et variant autant.

Chenille inconnue.

Genre RHODARIA, Gn.

*Les papillons ont l'abdomen long et grêle, unicolore, le tablier bilobé et pédiculé, les palpes tronqués, les ailes minces, soyeuses: les inférieures unicolores et ne participant en rien aux dessins des supérieures. Vol crépusculaire.*

600. **Sanguinalis**, Lin.

Lieux secs, bois clairs. Vole le soir, sur les fleurs de la bruyère, en août. — Pas très-commune chez nous.

Chenille inconnue.

17

Genre HERBULA, Gn.

*Les chenilles sont épaisses, à trapézoïdaux très-saillants, et vivent à la base des plantes, entre les feuilles radicales. Les papillons ont l'abdomen terminé en pinceau obtus chez les mâles, par un oviducte saillant chez les femelles; les ailes mates, à dessins confus; les femelles sont très-différentes des mâles. Vol diurne.*

Dans ce genre se trouvent des espèces d'assez grande taille.

### 601. **Cespitalis**, Wv.

Très-commune dans tous les lieux herbus, en juin et août. Varie à l'infini.

La femelle ressemble aux *Pyrausta,* tandis que le mâle paraît au premier abord appartenir à une autre famille. Le vol est très-différent de celui des *Pyrausta* et des *Rhodaria.*

Genre ENNYCHIA, Treits.

*Les palpes maxillaires sont à peine distincts. L'abdomen, zoné de blanc, se termine carrément chez les femelles. Le tablier est squammeux-velu, et un peu contourné. Les ailes sont noires.*

### 602. **Cingulalis**, Lin.

Commune dans tous les bois chauds, en mai et juillet. Vole à l'ardeur du soleil.

### 603. **Anguinalis**, Hb.

Collines sèches, lieux chauds et herbus, en mai et juillet. — Commune.

### 604. **Octomaculalis**, Lin.

Commune dans tous les bois herbus et frais. Mai et juillet.

## Fam. **ASOPIDÆ**, Gn.

Les chenilles, épaisses et fusiformes, vivent entre les feuilles. Les papillons sont petits, vifs ; ils ont les palpes courts, nulle-ment disposés en bec, des stemmates, le tablier horizontal, les ailes oblongues, luisantes, à dessins communs et tranchés. Vol diurne.

Famille excessivement nombreuse et composée en général d'insectes très-jolis.

### Genre AGROTERA, Schr.

*Les papillons ont les palpes labiaux seuls visibles, l'abdomen très-conique et pointu, les tibias à épiphyse distincte, les épe-rons inégaux, les ailes soyeuses, discolores : les supérieures échancrées, à 1' et 2' isolées ainsi que la 1' des inférieures.*

### 605. **Nemoralis,** Scop.

Bois, en mai, juin et août. Jolie espèce jamais très-commune. Battre les feuilles.

### Genre ENDOTRICHA, Zell.

*Les papillons ont la trompe robuste, les antennes subciliées, les palpes écartés, l'abdomen très-long, celui des femelles muni d'un oviducte, les pattes à épiphyse peu distincte, les ailes concolores, aiguës, à côte marquée de traits clairs.*

Genre très-différent du précédent et qui devra peut-être un jour être retranché de cette famille.

### 606. **Flammealis,** Wv.

Très-commune dans tous les bois, en juillet.

La chenille vit, dit-on, sur le troène.

Fam. **STENIADÆ**, Gn.

Petits papillons à antennes longues et grêles, à 4 palpes visibles, à corps très-grêle : l'abdomen très-long et effilé, à tarses antérieurs longs, à ailes étroites, lancéolées, à lignes et taches distinctes.
Famille nombreuse, surtout en espèces intertropicales.

### Genre DIASEMIA, Stph.

*Les papillons ont les palpes maxillaires très-visibles, les stemmates saillants, l'abdomen moyen, zoné, les ailes à dessins communs et à franges entrecoupées.*

607. **Litteralis,** Scop.

Partout, mais jamais commune. Mai et août.

### Genre STENIA, Gn.

*Les papillons ont les antennes et les pattes très-longues, les palpes labiaux en bec droit, l'abdomen extrêmement allongé, les ailes entières, concolores, les supérieures à une seule tache claire et à frange unicolore.*

608. **Punctalis,** Wv.

Çà et là dans les endroits herbus et chauds des bois, en juillet et août ; mais il est rare de la prendre fraîche.

Fam. **HYDROCAMPIDÆ**, Gn.

Les chenilles, presque vermiformes, vivent sur les plantes aquatiques, tantôt renfermées dans des coques, tantôt immé-

diatement dans l'eau. Les papillons ont les antennes simples,
les quatre palpes jamais étendus en bec, la trompe très-faible,
le tablier distinct, le corps grêle, les pattes très-longues, les ailes
à dessins communs et à fond presque toujours blanc [1].

## Genre CATACLYSTA, Her-Sch.

*Les chenilles ont les pattes membraneuses, grêles et très-
courtes, et vivent dans des fourreaux de soie revêtus des feuilles
de la lentille d'eau* (Lemna)*, et qu'elles traînent avec elles. Les
chrysalides ont de longues gaînes ventrales. Les papillons n'ont
point de stemmates, leurs ailes supérieures sont étroites, les inférieures ont une large bande terminale noire, ornée de petits
yeux blancs ou métalliques. Les deux sexes diffèrent beaucoup.*

### 609. **Lemnalis**, Lin.

Le mâle est commun, en juin et juillet, au bord des
ruisseaux, des fossés, des étangs, etc. Les femelles sont
rares.

Chenille noire, à tête brune et écusson luisant; se trouve,
en mai, sous les *Lemna*.

---

[1] Une des plus intéressantes familles des Lépidoptères. La nature y
fait de véritables miracles. Il faut observer par soi-même les moyens
variés qu'elle emploie pour entretenir la vie de ces chenilles qui vivent
sous l'eau, et qui bravent ainsi les conditions ordinaires de la respiration. Ces chenilles sont faciles à trouver, et je ne puis trop recomman-
der aux Entomologistes et même aux simples curieux l'observation des
mœurs des *Cataclysta*, des *Hydrocampa* et surtout des *Paraponyx*. S'il
ne reste plus de découvertes à y faire (ce qui est au moins douteux), ils
seront suffisamment payés de leurs faibles peines par l'intérêt qu'excite-
ront chez eux les agissements de ces industrieuses créatures. Rien n'est
plus propre qu'un pareil spectacle à faire naître le goût de l'entomologie
et à en faire apprécier les jouissances. D'ailleurs les papillons qu'ils
obtiendront sont si charmants que leur vue suffirait à payer le temps
qu'ils se résoudront à y consacrer.

## Genre PARAPONYX, Stph.

*Les chenilles sont pourvues d'appendices piliformes à l'aide desquels elles décomposent l'eau, et vivent complétement submergées. Les papillons ont les antennes granulées, des stemmates, les ailes nébuleuses, sans bordures, à tache cellulaire en anneau.*

### 610. **Stratiotalis,** Lin.

Bord des eaux, en juin et juillet. Se retire dans les haies et les broussailles. — Femelles très-rares.

Chenille d'un vert-clair, à vasculaire foncée; vit en mars et avril, sur le *Stratiotes aloides*, le *Ceratophyllum emersum* et le *Callitriche verna*, plongée sous l'eau et protégée par une coque de soie.

## Genre HYDROCAMPA, Latr.

*Les chenilles n'ont point de pattes membraneuses et vivent sous les feuilles des Nymphæacées dans un sac formé par deux morceaux de feuille assemblés par leurs bords. Les chrysalides ont les stigmates portés sur des bourrelets saillants. Les papillons ont les antennes pubescentes, les 4 palpes bien visibles et écartés, des stemmates rapprochés, les ailes assez larges, arrondies, à dessins communs : les inférieures à deux lignes bien distinctes. Les deux sexes sont semblables.*

### 611. **Rivulalis,** Dup.

Très-rare ici. Prise une seule fois autour de Châteaudun, en juin.

### 612. **Stagnalis,** Don.

Commune sur le bord des eaux, en juin et juillet. S'accroche aux joncs et aux roseaux et vole en plein jour au moindre trouble.

613. **Nymphæalis,** Lin., le mâle. (**Potamogalis,** Lin.,
la femelle. )

Très-commune dans les mêmes lieux et à la même
époque.

Chenille d'un blanc-verdâtre, salie antérieurement, à tête
petite, brune, vivant en mai sur le nénuphar (*Nymphæa*)
et le *Potamogeton natans*, enfermée dans une sorte de sili-
que formée par deux disques découpés dans les feuilles.

Suivent deux familles : *Spilomelidæ* et *Margarodidæ*, qui n'ont
qu'un seul représentant européen et qui n'habite pas notre département.

### Fam. **BOTYDÆ**, Gn.

Les chenilles luisantes, à trapézoïdaux et écussons cornés,
vivent entre des feuilles roulées en cylindre ou en cornet, ou
encore au cœur, ou dans les ombelles, etc. Les papillons ont les
antennes simples, les palpes variables, la trompe moyenne, le
corps squammeux, lisse et luisant, les ailes entières, luisantes :
les supérieures triangulaires avec les deux taches cellulaires et
deux lignes dont la seconde très-contournée et faisant croire
à l'existence d'une troisième.

Immense famille et qui n'a pour ainsi dire pas de limites.
Répandue par tout le globe.

### Genre BOTYS, Latr.

*Les chenilles vivent dans des feuilles roulées. Les papillons
ont les palpes assez courts : les maxillaires confondus avec les
labiaux, la trompe forte, les stemmates distincts, l'abdomen
long, effilé, conique, le tablier nul ou rudimentaire, les ailes
larges, à franges unicolores, la ligne coudée se prolongeant
sur les inférieures.*

614. **Pandalis,** Hb.

Bois, haies. — Pas très-commune. Juillet.

**615. Hyalinalis,** Hb.

Pas commune chez nous. Bois, sur les ronces en fleur. Juin et juillet.

**616. Verticalis,** Wv.

Extrêmement abondante partout, autour des orties, en juin et juillet. Vole au crépuscule, par essaims.

Chenille d'un vert transparent, à dos blanchâtre; vivant en mai, dans un cylindre formé dans une feuille d'ortie roulée et ouvert aux deux bouts.

**617. Fuscalis,** Wv.

Très-commune dans tous les bois, en mai, juillet et août. Vole près de terre, dans les allées herbues.

**618. Terrealis,** Treits.

Bois, en juillet. Vole avec le précédent, mais beaucoup plus rare.

Chenille d'un blanc-verdâtre, à vasculaire verte et trapézoïdaux blancs; vivant en septembre, sur la verge d'or.

**619. Urticalis,** Lin.

Commune dans tous les lieux où croît l'ortie, en juin et juillet.

Chenille d'un vert-jaunâtre, à vasculaire obscure et tête noire; vivant de septembre en avril, sur les orties, dans une feuille roulée.

Genre EBULEA, Gn.

*Les chenilles sont assez courtes et vivent dans des paquets de feuilles liées ou pliées. Les papillons sont de petite taille; ils ont les palpes étendus en bec : les maxillaires distincts et divergents, les antennes simples, les ailes égales, plus ou moins aiguës au sommet.*

620. **Crocealis,** Treits.

Collines sèches et herbues, en mai et juin. Châteaudun, la Boissière.

Variété plus petite, à ailes inférieures unicolores.

Chenille d'un vert sale, à vasculaire foncée; vivant en avril, entre les feuilles superposées de

621. **Rubiginalis,** Hb.

Clairières humides des grands bois. — Rare. Vole au soleil.

622. **Verbascalis,** Wv.

Parcs, haies, jardins, en juin. Vole le soir, sur les fleurs de l'origan, de la vipérine, etc. — Pas commune.

623. **Sambucalis,** Wv.

Jardins, prés, autour des sureaux, en mai et août.

Chenille d'un vert pâle, à vasculaire liserée de blanc et tête blanche; vit en septembre et octobre, sur les *Sambucus nigra* et *Ebulus*.


Genre PIONEA, Gn.


*Les chenilles sont épaisses, fusiformes, à tête petite et rétractile. Elles vivent sur les crucifères. Les papillons ont les antennes prismatiques, les palpes étendus en bec: les maxillaires très-visibles et bien détachés, la trompe grêle, le tablier vertical et squammeux, l'abdomen caréné, les ailes assez larges: les supérieures aiguës, à lignes assez distinctes, mais la coudée jamais sinuée.*

624. **Forficalis,** Lin.

Très-commune dans les jardins et les plantations, en juin et août.

Chenille jaunâtre, à vasculaire vert foncé et stigmatale

blanchâtre; vivant à l'automne, dans l'intérieur des têtes de chou [1].

### 625. **Margaritalis,** Fab.

Marais, prés humides, jardins bas et plantés de crucifères, en juillet et août.

Chenille jaune, à vasculaire rousse et sous-dorsales vineuses; vit sur les crucifères et surtout sur les *Sysimbrium*, dans une toile filée entre les rameaux où elle se rassemble en petits groupes.

### 626. **Stramentalis,** Hb.

Lieux marécageux, prés humides, en juin. — Pas commune. Bords de la Conie.

### 627. **Limbalis,** Lin.

Bois, sur les fleurs des ronces, en juin et juillet. — Pas commune.

### 628. **Politalis,** Wv.

Mêmes lieux et époques. — Aussi rare.

### Genre SPILODES.

*Les chenilles sont épaisses, luisantes, à trapézoïdaux très-verruqueux et vivent parmi les fleurs ou au sommet des tiges.*

[1] Elle fait des dégâts très-notables dans les carrés de choux. On la trouve cachée entre les feuilles, dans les endroits les plus frais, et, outre qu'elle perce des trous très-nombreux dans les feuilles, elle les infecte par ses excréments qui restent liquides et déterminent souvent leur pourriture. Cependant on met souvent sur son compte les ravages plus réels des Noct. *Pronuba* et *Brassicæ* avec lesquelles elle opère de compagnie. Pas plus de remèdes efficaces que pour ces dernières. Si elle se multipliait extraordinairement dans quelques jardins, il serait à propos d'allumer de petits feux ou de disposer des lumières autour desquels les papillons viendraient se brûler. Il faudrait naturellement choisir pour cette opération les mois que j'indique pour l'apparition de l'insecte parfait.

*Les papillons ont les antennes filiformes, les palpes bicolores,
droits, le tablier court, les ailes maculées de noir en dessous :
les supérieures aiguës, à coudée peu sinuée.*

**629. Sticticalis, Lin.**

Commune dans les prairies artificielles, en mai et juin.
Vole au soleil.

Chenille vivant, d'après Treitschke, entre les fleurs de
l'*Artemisia campestris*, dans une toile en forme d'entonnoir.
— Il est probable qu'elle vit aussi sur d'autres plantes.

**630. Palealis, Wv.**

Endroits herbus, en juin et juillet. — Pas commune.

Chenille d'un blanc d'os, à points noirs, vivant en août
dans une coque de soie renfermée dans l'ombelle du *Peu-
cedanum officinale*. Châteaudun. Lieux incultes.

**631. Cinctalis, Treits. [1].**

Commune dans tout le département, dans les luzernes et
les lieux secs, en juin, juillet et août.

Chenille vivant, d'après Schranck, sur le *Spartium sco-
parium*, en juin.

### Genre SCOPULA, Schr.

*Les chenilles sont allongées et vivent dans une galerie de soie
ouverte aux deux bouts. Les papillons ont les palpes en bec, les
pattes glabres, les ailes supérieures nébuleuses, à dessins peu*

---

[1] Il est certain, comme je l'ai, du reste, observé le premier (*Species*,
p. 337 et 386), que cette espèce est bien le *Verticalis* de Linné, mais ce
dernier nom ayant été universellement adopté pour le n° 616, il serait
tout à fait contraire aux intérêts de la science de le changer aujourd'hui.
D'ailleurs ce même n° 616 se trouverait aujourd'hui dépourvu de nom,
car celui de *Ruralis* par lequel M. Staudinger l'a remplacé est tout à fait
arbitraire. Il suffit de lire la description de Scopoli pour voir qu'elle est
sujette à toute espèce de doutes.

*tranchés : les inférieures ayant une petite ligne ou point sombre au dessous de la nervure médiane.*

### 632. **Prunalis,** Wv.

Haies, buissons, broussailles, en juin et juillet. Vole au crépuscule. — Pas très-rare chez nous.

Chenille verte, à deux lignes blanches dorsales; vivant en mai, sur le prunellier.

### 633. **Fulvalis,** Hb.

Buissons, broussailles, etc., en août. — Pas rare autour de Châteaudun. Cavée de la Boissière, etc.

### 634. **Ferrugalis,** Hb.

Très-commune dans les lieux humides, les prés, les bois frais et couverts, en juin et juillet, puis septembre et octobre.

### Genre LEMIODES, Gn.

*Le papillon a les antennes pubescentes, la tête très-petite, les pattes glabres et courtes, les ailes larges, égales, pulvérulentes, concolores et à dessins communs et peu chargés.*

### 635. **Pulveralis,** Hb.

Çà et là dans certains prés. — Rare. Châteaudun, Saint-Avit. Août.

# Divis. RADIATI, Gn.

## ( MICROLEPIDOPTERA, auctor.)

*Papillons ayant ordinairement les quatre palpes (labiaux et maxillaires) plus ou moins visibles, les premières ailes généralement privées d'aréole suscellulaire, une ou plusieurs nervules libres s'intercalant presque toujours entre la 1 et 1' et complétant un rang symétrique autour de la cellule. Papillons de petite taille. Chenilles fréquemment vermiformes, et vivant enfermées dans des galeries, des fourreaux, des sacs, entre des feuilles réunies ou pliées, entre les membranes des feuilles qu'elles minent, etc.*

NOTA. La division entre les Microlépidoptères et les Lépidoptères supérieurs sera toujours un peu arbitraire ou mal limitée, et ses caractères, pris un à un, seront perpétuellement discutables. Elle est naturelle cependant et, comme telle, passée dans l'usage général. L'aspect d'une aile supérieure dénudée suffit presque toujours pour la trancher. Quel est l'entomologiste un peu exercé qui confondra jamais une *Lithosie* avec un *Crambus* malgré leur ressemblance apparente?

## Legio ELONGATÆ, Gn.

*Les chenilles ont 16 pattes, et aucune ne vit en plein air. Les papillons ont la tête proportionnellement grosse, tout le corps très-grêle, le thorax étroit, non velu, l'abdomen lisse, soyeux et long. Les ailes supérieures au repos donnent à l'insecte une forme très-allongée, soit qu'elles se recouvrent en partie, soit qu'elles enveloppent le corps en se moulant autour de lui.*

## Tribu DEPRESSÆ, Gn.

Les chenilles sont vermiformes, de couleurs ternes, et vivent dans des galeries sous les mousses et les écorces. Les papillons ont les antennes pubescentes, le thorax étroit et l'abdomen lisse, de longueur moyenne, les ailes supérieures oblongues, entières, à taches cellulaires comme celles des Noctuelles et lignes très-distinctes, les inférieures sont très-développées et plissées ; au repos, les premières se recouvrent en partie, mais ne sont jamais inclinées en toit ni moulées autour du corps.

Fam. STENOPTERYDÆ, Gn.

Les papillons ont les antennes très-minces, les stemmates saillants, l'abdomen rayé en dessous, un tablier distinct, les palpes maxillaires à peine visibles, les secondes ailes trois fois plus larges que les premières qui, au repos, sont fortement croisées. Aux supérieures pas d'indépendante proprement dite.

Je crois qu'il faut faire avec le seul genre qui suit une famille à part. Les chenilles doivent aussi différer de celles des Scoparides. Les papillons habitent pour ainsi dire à terre où ils se confondent avec le sol.

Genre STENOPTERYX, Gn.

### 636. **Noctualis,** Wv.

Extrêmement commune partout et pendant toute la belle saison. Gazons secs, lieux incultes, etc. Varie beaucoup.

Cette curieuse espèce habite tout le globe.

Fam. SCOPARIDÆ, Gn.

Les papillons ont les quatre palpes bien visibles, les stemmates très-petits, l'abdomen très-effilé, à valves anales écartées, le tablier nul ou rudimentaire ; les ailes supérieures pulvérulentes offrent les trois taches des Noctuelles, nettes mais petites, et ne sont pas complétement croisées au repos. Ils se posent de préférence sur le tronc des arbres et partent au moindre choc. — Aux inférieures, la 1' se relie à la C par une anastomose et dessine une SC naissante. — Aux supérieures 2 indépendantes.

Genre SCOPARIA, Haw.

**637. Ambigualis,** Treits.

Commune dans tous les bois de chênes et de sapins. Juin et juillet.

*Var.*? INCERTALIS, Dup.

**638. Pyralalis,** Wv.

Commune sur le tronc des chênes, en juin et juillet. Partout.

**639. Lineolalis,** Stph.

Rare. Châteaudun, en juillet. Tronc des chênes et des sapins.

**640. Mercuralis,** Lin.

Extrêmement commune partout, en juin et juillet. S'abrite sous les couvertures en chaume des murs qui limitent les jardins autour de Chartres et de Châteaudun. Varie passablement surtout pour la nuance.

Chenille d'un gris terreux; vivant sous les mousses qui tapissent les murs.

**641. Cratægalis,** Hb.

Beaucoup plus rare que la *Mercuralis*, mais souvent dans les mêmes lieux. Mêmes époques.

**642. Resinalis,** Haw.

Encore plus rare que la précédente. Mêmes époques.

## Tribu INCLINATÆ, Gn. [1].

Les chenilles, de couleurs ternes, vivent soit dans des galeries, soit dans l'intérieur des tiges. Les papillons ont les quatre palpes distincts : les labiaux toujours saillants en forme de bec, les antennes veloutées ou ciliées, ne présentant jamais de nodosités ni de déviations, les ailes supérieures recouvrant toujours les inférieures, et disposées en toit extrêmement déclive mais non enroulées autour du corps. Les deux sexes sont très-différents.

## Subtribu CRAMBIDÆ, Latr.

Les chenilles ont 16 pattes complètes et vivent cachées sous les mousses. Les papillons ont les quatre palpes bien distincts, les labiaux très-longs, en bec arqué en dessous, les antennes dentées ou ciliées, la tête grosse, le corps grêle et lisse, l'abdomen dépassant rarement les ailes inférieures, les supérieures oblongues, à lignes plus ou moins distinctes, mais sans les taches cellulaires, les inférieures très-développées et sans dessins. Au repos, toutes se recouvrent et sont extrêmement inclinées et débordantes. La costale des inférieures est franchement trifide, sans traces de sous-costale.

## Genre PLATYTES, Gn.

*Les papillons sont très-petits, leurs antennes sont courtes, leurs palpes maxillaires triangulaires et très-distincts, leurs ailes également courtes et comme carrées, à bord tronqué, à deux lignes transverses en zig-zag, parallèles. L'abdomen dépasse à peine les ailes inférieures. Les femelles sont très-différentes des mâles, mais de taille égale.*

---

[1] A partir d'ici je suis entré dans des détails de classification un peu plus étendus que par le passé, mon *Species*, auquel je renvoie tacitement mes lecteurs, s'arrêtant à la famille des Scoparides.

643. **Cerussellus,** Wv. (*Auriferella*, Hb.). Femelle **Pyg-mæus,** Haw. (*Barbella*, Hb.)

Rare et localisée. Voltige dans les chemins herbus. Mai et juin.

### Genre ANCYLOLOMIA, Hb.

*Les papillons sont de grande taille, leurs antennes sont den-tées ou même pectinées, leur abdomen dépasse beaucoup les ailes inférieures qui sont moyennement développées; les supé-rieures ont le bord terminal très-sinué, à lignes métalliques internervurales et à bandelette terminale ondulée. Les femelles sont plus grandes que les mâles.*

644. **Tentacullella,** Hb.

Pas commune et ne paraissant que par les années chaudes. Gazons et lieux secs. Août. Châteaudun.

### Genre CRAMBUS, Fab.

*Les chenilles vivent au printemps sous les mousses des pierres et des arbres. Les papillons ont les antennes simples, l'abdomen dépasse peu ou point les ailes, les supérieures sont peu sinuées ou arrondies, les inférieures très-développées. Les femelles sont plus petites que les mâles.*

Ce genre est très-nombreux et habite tout le globe, mais principalement l'Europe et l'Amérique; l'Océanie fournit de très-belles espèces.

645. **Pascuellus,** Lin.

Commune dans les prés et les lieux herbus, en juin et juillet, dans tout le département.

646. **Adippellus,** Tr. (*Silvellus*, Hb.)

Prés marécageux. Le Mée, Saint-Mamès, bords de la Conie, en août.

18

647. **Pratellus,** Clerck. (*Vix*, Lin.)

Très-commun dans tous les bois, en juin et juillet.

Le nom de cette espèce est mal appliqué, car c'est dans les bois qu'elle habite principalement, quoiqu'elle se trouve aussi parfois dans les prés. C'est la plus commune du genre.

648. **Falsellus,** Wv.

Assez commun, mais localisé. Voisinage des murs, des rochers, en août et septembre.

Chenille d'un gris terreux, à trapézoïdaux noirs; vivant, au printemps, sous les mousses des pierres.

649. **Pinetellus,** Lin.

Bois secs, en juillet et août. Assez rare et localisé.

650. **Latistrius,** Haw. (*Gueneellus*, Dup.)

Très-rare, à Châteaudun, sur le tronc des ormes, en août. Courtalain.

651. **Fertellus,** Scop. (*Argentella*, F.)

Commun dans les prairies un peu humides, en août. Varie beaucoup.

*Var.* ARGYREUS, Stph.

652. **Selasellus,** Hb.

Prés marécageux, en août. Bords de la Conie. — Pas commun. Aussi constant que le suivant est variable.

653. **Tristellus,** Wv.

Très-commun dans les lieux herbus et buissonneux, en juillet et août.

*Var.* CULMELLA, F.

*Var.* PALEELLUS, Hb.

*Var.* NIGRISTRIELLUS, *Stph.*

Le type du *Wiener-Verz* est loin d'être le plus commun. C'est la variété *Culmella*, F., ou *Palcellus*, Stph., qu'on rencontre le plus souvent.

**654. Luteellus,** Wv. (*Ochrellus*, Hb.)

Rare. Châteaudun, pentes de la Boissière, en juin et juillet.

**655. Contaminellus,** Hb.

Pas très-rare, sur les fleurs, en août et septembre. Châteaudun.

**656. Immistellus,** Hb. (*Angulatellus*, Dup.; *Suspectellus*, Zell.)

Très-abondant en septembre et octobre, sur les fleurs des Aster, dans les jardins, à Châteaudun.

Charmante espèce que sa frange dorée empêchera toujours de confondre avec l'*Inquinatellus*, chez lequel elle est simplement luisante.

**657. Inquinatellus,** Wv.

Très-commun, en août et septembre, dans les lieux secs et sur les hautes herbes. Vole aussi sur les bruyères.

**658. Culmellus,** Lin. (*Straminella*, Hb.)

Très-commun dans les prés et les gazons, en juin et août.

**659. Cespitellus,** Hb. (*Strigella*, F.)

Commun dans les bois herbus, en juillet.

Il passe généralement pour une variété du suivant. Il est vrai qu'ils volent ensemble, mais la couleur constamment jaune de celui-ci, la seconde ligne qui n'est jamais plombée, les ailes inférieures éclaircies à l'apex, enfin le fait qu'on trouve les deux sexes chez les deux espèces, doivent faire ajourner la solution de la question à la découverte de la chenille de celle-ci.

660. **Hortuellus,** Hb.

Commun dans les mêmes lieux et à la même époque que le précédent.

Chenille d'un gris clair, à trapézoïdaux noirs; vivant en avril et mai, sous la mousse des pierres.

661. **Rorellus,** Lin.

Très-commun dans les lieux herbus, en mai et juin.

662. **Chrysonuchellus,** Scop. (*Campella*, Hb.)

Commun dans les bois gazonnés et dans les lieux incultes, les carrières, etc., en mai et juin.

Ici se place un joli genre entièrement composé d'exotiques que j'ai nommé *Leucinus* et qui fait la transition des Crambides aux Chilonides. Ce sont de petites espèces d'un blanc pur et argenté, ayant pour tout dessin la frange et deux taches costales ferrugineuses dont la seconde forme parfois une bande. J'en possède quatorze espèces de l'Amérique, du Bengale, de l'Australie et de Port-Natal.

### Sub-tribu CHILONIDÆ, Stdgr.

Les chenilles sont vermiformes et vivent renfermées à la manière des Nonagries dans les tiges des plantes aquatiques. Les papillons sont de grande taille (parfois gigantesques), à quatre palpes, dont les labiaux souvent très-longs et droits; les antennes courtes, l'abdomen dépassant les ailes, celles-ci larges, presque sans dessins. Les femelles ont toujours l'abdomen organiquement différent de celui des mâles.

### Fam. SCIRPOPHAGIDÆ, Gn.

Les chenilles vivent dans l'intérieur des joncs. Les papillons ont les palpes courts, la trompe faible, les ailes oblongues, arrondies, épaisses; les femelles, d'ailleurs semblables aux mâles, ont l'abdomen garni à l'extrémité d'une épaisse bourre soyeuse. La nervulation est particulière.

## Genre SCIRPOPHAGA.

663. **Alba,** Cram.

C'est sur un renseignement vague que je place ici ce genre qu'on prétend habiter notre département. J'en doute beaucoup.

Chenille brune, rase, vivant dans l'intérieur des joncs.

Outre l'espèce européenne de ce genre, j'en possède cinq autres américaines et deux de l'Inde dont l'une a les ailes noires. — Enfin c'est à cette famille qu'appartient le genre *Sindris* que M. Boisduval a publié dans sa *faune de Madagascar*.

### Fam. **SCHŒNOBIDÆ,** Gn.

Les chenilles vivent dans les tiges des *Arundo* et des *Carex*. Les papillons ont les palpes extrêmement longs et étendus en bec ouvert, la trompe presque nulle, les ailes larges et épaisses, les supérieures aiguës à l'apex, les inférieures un peu aiguës et discolores.

### Genre SCHŒNOBIUS, Dup.

*Les mâles ont les ailes peu aiguës, les antennes subciliées, l'abdomen grêle. Les femelles ont les ailes lancéolées et l'abdomen épais et terminé en pointe aiguë.*

664. **Forficellus,** Thb.

Pas rare sur le bord des rivières bordées de roseaux et dans les lieux marécageux. Châteaudun. Bords du Loir et de la Conie. Juillet.

Chenille jaune sale, à lignes ferrugineuses; vit en mai, dans les tiges de l'*Arundo phragmites*.

Nota. Dans un genre exotique qui suit celui-ci, il existe des individus de très-grande taille. J'ai devant les yeux la femelle d'une espèce brésilienne qui ne mesure pas moins de 85 millimètres d'envergure.

## Tribu INVOLUTÆ, Gn.

Les chenilles ont 16 pattes, elles sont courtes et fusiformes, à trapézoïdaux verruqueux. Leur genre de vie varie beaucoup. Les papillons n'ont généralement que deux palpes visibles, les labiaux sont fréquemment ascendants et recourbés, les antennes, toujours filiformes, sont souvent noueuses ou déviées, les ailes supérieures enveloppent les inférieures qui sont fortement plissées et se moulent autour du corps.

Cette tribu n'est pas moins nombreuse que celle des Crambides; mais elle n'est pas aussi homogène. Les chenilles mangent de tout, depuis les feuilles des arbres jusqu'aux substances animales. On en connaît peu d'ailleurs. Les espèces exotiques sont complètement semblables aux européennes.

### Fam. GALLERIDÆ.

Les chenilles, épaisses et vermiformes, vivent de matières animales, principalement de la cire des abeilles et des guêpes. Les papillons ont les antennes courtes, filiformes et grêles, les palpes dépassant à peine le front chez les mâles. Les ailes sont allongées, ovales, souvent très-différentes chez les deux sexes tant pour le dessin ou la coupe que pour la nervulation.

### Genre GALLERIA, Latr.

*Les chenilles vermiformes, très-fusiformes, à pattes membraneuses très-grêles, vivent dans les ruches où elles pratiquent de longs boyaux de soie. Les papillons ont les palpes dépassant à peine le front chez les mâles, assez longs et incombants chez les femelles, le thorax carré, l'abdomen court et robuste, les pattes robustes et renflées, les ailes supérieures échancrées au milieu, à cellule très-longue. Les deux sexes diffèrent beaucoup.*

665. **Cereana**, Lin.

Trop commune dans les ruchers, en juillet.

Chenille grosse, d'un gris-clair, à tête et écusson roux ; vivant dans les ruches en hiver et au printemps [1].

Nous n'avons, Dieu merci, qu'une espèce en Europe. J'en connais deux autres d'Amérique, extrêmement voisines de la nôtre.

### Genre MELIPHORA, Gn.

*Les chenilles comme les précédentes. Les papillons ont les palpes nuls chez les mâles, très-courts chez les femelles, le front large et plat, les pattes glabres et minces, l'abdomen court et obtus dans les deux sexes, les ailes très - entières et ovales, lisses, luisantes, concolores, sans dessin. La nervulation est très-différente. Les deux sexes sont semblables.*

666. **Alvearia**, F. [2].

Également abondante dans les ruchers, en juillet.

---

[1] Chacun connaît cette ennemie des abeilles ; il est donc inutile que j'en parle ici. D'ailleurs les détails que je donne à l'espèce suivante sont communs à peu de chose près à la *Cereana*.

[2] On me saura peut-être quelque gré de donner ici une histoire un peu détaillée de cette chenille qui, au rebours de la précédente, est à peine connue parce qu'elle a été confondue avec elle.

Le papillon pond en septembre et octobre des œufs assez gros, blancs et disposés en chapelet. La petite chenille s'insinue de suite entre les cellules des gâteaux dont le miel a été enlevé, car elle vit exclusivement de cire. Elle se place donc dans l'épaisseur du gâteau, sur la mince cloison qui sépare les rangs de cellules sans jamais s'avancer jusqu'à l'ouverture ; elle file un petit fourreau de soie blanche et fine qui chemine entre les cloisons des alvéoles. Ce fourreau ou cylindre est consolidé, à l'extérieur, par de petits grains d'une matière qui ne paraît point différer de la cire autrement que par une couleur plus blanche, car elle en a toutes les propriétés. Ses excréments tranchent sur ces grains par leur couleur noirâtre et sont aussi rejetés hors du cylindre. Ils sont plus allongés que ceux des autres chenilles.

Arrivée à l'époque de sa transformation, elle file, à l'endroit même où

Chenille d'un blanc d'os transparent, à tête brune; vivant dans les ruches, en mai, juin, septembre, octobre et novembre.

## Genre APHOMIA, Hb. (*Melia*, Curt.)

*Les chenilles vivent dans de longs boyaux de soie enterrés dans les nids des Hyménoptères souterrains. Les papillons mâles ont les palpes rudimentaires, ceux des femelles sont aussi longs que chez les Crambus, le front saillant, les pattes longues et nues, les ailes supérieures entières, la cellule démesurément grande chez les mâles, petite et bifide chez les femelles. Les deux sexes à dessins complétement différents.*

667. **Sociella,** Lin. Femelle **Colonella,** Lin. (*Tribunella*, Hb.)

Pas rare dans les jardins, les maisons de campagne, etc., en juin et juillet.

Il est difficile de deviner que les deux sexes appartiennent à la même espèce d'insecte, tant leurs dessins et même leurs organes sont différents.

sa galerie s'est arrêtée, une coque extrêmement consistante et que les doigts ont peine à déchirer, blanche, revêtue des mêmes grains de cire et d'excréments, d'une forme allongée mais aiguë aux deux extrémités. La chrysalide renfermée dans cette coque ressemble à celle de la *Cereana*. Elle est d'un jaune de miel avec la partie dorsale d'un brun violâtre, et porte sur le milieu une arête rugueuse ou canaliculée d'un brun foncé, l'extrémité anale est obtuse, brune et garnie d'aspérités coniques disposées en étoile ou astérisque; l'enveloppe des ailes est longue et celle de la trompe se prolonge en un appendice assez long mais bifide à l'extrémité, ce qui ne se voit, que je sache, chez aucune autre chrysalide.

Cette chenille se multiplie avec une rapidité prodigieuse et, à défaut de cire, elle s'attaque à une foule de substances animales; en outre, comme elle va cacher sa coque dans les coins les plus éloignés, on arrive difficilement, aussitôt qu'on l'a introduite quelque part, à s'en débarrasser.

## Sub-tribu PHYCIDÆ.

Les chenilles ont 16 pattes et leur genre de vie varie beaucoup. Les papillons n'ont généralement que deux palpes, le plus souvent arqués et ascendants, les antennes souvent noueuses ou déviées à la base, les ailes oblongues, plissées, enroulées autour du corps. Les sexes sont semblables.

### Genre EPISCHNIA, Hb.

*Les chenilles vivent sur les plantes. Le papillon a les palpes très-épais, arqués et ascendants, les antennes déviées à la base, les ailes supérieures épaisses, longues et étroites, à traits longitudinaux pour tout dessin.*

### 668. **Prodromella**, Hb.

Rare. Vole le soir dans les années chaudes, en mai et juin. Châteaudun.

La chenille vit, dit-on, sur les scabieuses. Je ne l'ai jamais rencontrée.

### Genre ILITHYIA, Latr.

*Les chenilles ne sont pas connues. Les papillons ont une nodosité squammeuse au 2e article des antennes, les palpes labiaux seuls visibles, longs, ascendants, mais non recourbés, les tarses postérieurs épineux, les ailes supérieures oblongues, luisantes, sans dessins transversaux.*

### 669. **Carnella**, Lin.

Commune dans les lieux herbus et secs, en juillet et août.

*Var.* SANGUINELLA, Hb.

## Genre PLODIA, Gn.

*La chenille vit de matières végétales, conservées desséchées ou manufacturées. Le papillon a les antennes unies, les palpes droits, minces, fusiformes, les ailes supérieures très-étroites, à dessins tranchés et métalliques : les inférieures ont la sous-costale simplement bifide.*

### 670. **Interpunctella**, Hb.

Rare au vol, mais très-abondante dans les lieux où la chenille s'impatronise. Celle-ci dévore indistinctement le biscuit, le pain, les amandes, les figues, les raisins secs, les marrons et d'autres provisions ménagères ; mais elle est trop peu répandue pour être considérée comme un insecte véritablement nuisible. Néanmoins il est évident que là où on la laisserait prendre pied, elle ne tarderait pas à mériter cette qualification.

## Genre EPHESTIA, Gn.

*Les chenilles vivent de végétaux desséchés ou de matières animales. Les papillons ont les antennes fines et unies, les palpes très-recourbés, la trompe longue, les ailes supérieures à lignes transverses très-distinctes, écartées, avec un double point cellulaire ; les inférieures ont les 1 et 1' croisées en X et se rejoignant dans la cellule.*

### 671. **Elutella,** Hb.

Commune dans les jardins, pénètre dans les appartements, les greniers, etc. En juin et juillet. Presque toujours déflorée.

On n'est pas complétement d'accord sur les mœurs de la chenille.

## Genre LOTRIA, Gn.

*Les papillons ont les antennes légèrement noduleuses à la base, les quatre palpes visibles : les labiaux courts, minces, un peu recourbés, les ailes supérieures très-étroites, plissées, à points cellulaires, les inférieures très-étendues, fortement plissées. Au repos, l'insecte a une forme presque linéaire ; il vole au crépuscule parmi les herbes.*

### 672. **Nebulella**, Wv.

Pas très-commune sur les bruyères et dans les herbes croissant sur les coteaux. Châteaudun. Juin et juillet.

### 673. **Nimbella**, Zell.

Plus commune que la précédente et dans les mêmes lieux et à la même époque. Toujours notablement plus petite.

### 674. **Binœvella**, Hb.

Aussi dans les mêmes lieux, mais aussi rare que la *Nebulella*.

### 675. **Sinuella**, Fab.

Commune dans les bois herbus, en juin.

Elle varie beaucoup. La *Flavella*, Dup., et la *Gemina*, Haw., n'en sont que des variétés plus grandes et plus vives.

## Genre MYELOPHILA.

*Les chenilles vivent dans les tiges des chardons dont elles rongent la moelle. Les papillons ont les antennes sans nodosités, les palpes minces et écartés, les pattes grêles, le thorax robuste, l'abdomen caréné, les ailes supérieures coupées carrément, la costale des inférieures trifide, les 1 et 2 fortement croisées en X.*

**676. Cribrella,** Wv. (*Cribrum.*)

Pas très-rare sur les fleurs des chardons, dans les lieux secs, carrières, etc., en juin.

Chenille fusiforme, rayée longitudinalement, à tête noire; vivant dans l'intérieur des chardons, de juillet à avril.

### Genre PHYCIS, Fab.

*Les chenilles vivent sur les arbres ou les plantes, renfermées dans des tubes ou fourreaux ou entre des feuilles liées. Les papillons ont un nœud à la base des antennes, les palpes ascendants et ensiformes, le thorax étroit, l'abdomen grêle, les ailes supérieures à bord un peu carré, ornées de lignes transverses et points cellulaires; aux inférieures la costale bifide, les 1 et 2 non croisées.*

**677. Adornatella,** Treits. (*Dilutella*, Hb.?)

Plus rare que la suivante. Vole autour des buissons, en juin et juillet.

**678. Ornatella,** Wv.

Pas rare, sur la bruyère, dans les lieux herbus et chauds, etc., en juillet.

**679. Porphyrella,** Dup.

Très-rare. Une seule fois à Châteaudun, sur les fleurs de bruyère, en août.

Chenille rouge, à lignes blanches et tête jaune; vit en mars, sur l'*Erica scoparia*, renfermée dans un fourreau de débris dont elle ne sort que la nuit.

Le papillon est un des plus jolis Lépidoptères.

**680. Obductella,** Fisch. (*Dilutella*, Dup.)

Bruyère, coteaux arides. Châteaudun, en juillet et août. — Rare.

Chenille vivant sur la *Mentha arvensis*, dans un paquet de feuilles terminales liées et roulées.

**681. Janthinella,** Hb.

> Fleurs de bruyère, en août. — Pas commune. Châteaudun.

**682. Holosericella,** F.R.

> Très-rare à Châteaudun, où je ne l'ai prise qu'une fois volant autour des fleurs de tilleul, en juillet.
>
> La chenille vit entre des feuilles de bouleau, suivant Fischer.

**683. Roborella,** Wv.

> Commune, en juillet et août, dans les bois, autour des chênes.
>
> Chenille testacée, à lignes claires et points noirs; vivant sur le chêne, en mai, dans une feuille roulée.

## Genre NEPHOPTERYX, Zell.

*La chenille vit dans les graines du fusain. Le papillon a les antennes déviées à la base, les palpes larges, déprimés, squammeux, étagés, la trompe fine, les tibias postérieurs aplatis et squammeux, à une seule paire d'ergots. Les ailes supérieures portent une touffe d'écailles élevées. Sexes semblables.*

**684. Angustella,** Hb.

> Pas très-commune. Vole autour des buissons et des érables, en juillet.
>
> Chenille blanc-jaunâtre, à lignes dorsales vineuses et tête noire; vivant en octobre, dans les graines du fusain.

## Genre PEMPELIA, Hb.

*Les papillons ont un nœud près de la base des antennes, les palpes plaqués contre le front, les tarses épineux, les ailes*

*supérieures allongées, plissées sur les nervures, à lignes écar-
tées, la première portant des écailles noires relevées, les inférieures très-développées, à costale bifide et à pli cellulaire formant nervule.*

### 685. **Palumbella,** Wv.

Rare ici. Vole sur les bruyères en plein jour, en juin et
juillet.

De belles espèces, habitant les Alpes et le midi de la France,
la Russie et l'Espagne, complètent ce genre remarquable.

Si l'on enlève les palpes labiaux, on aperçoit les palpes maxillaires émettant un joli fascicule de poils jaunes épanouis.


### Genre RHODOPHÆA, Gn.


*Les chenilles vivent sur les arbustes dans des tubes composés
de feuilles liées avec de la soie. Les papillons ont les antennes
subciliées, à premier article formant une dent ou épine, les
palpes minces et ensiformes, les ailes supérieures lisses et luisantes, assez larges, un peu carrées, à lignes et points cellulaires très-distincts : la première portant des écailles plus ou
moins élevées, les inférieures à médiane quadrifide et croisée, etc.*

Joli genre à espèces très-nombreuses. Les papillons se posent
sur les troncs des arbres et volent en plein jour, quelquefois
par essaims.

### 686. **Rubrotibiella,** FR. (*Tumidana*, Wv. ?)

Commune autour des chênes, dans les bois, à Châteaudun, en août.

J'ai élevé la chenille, mais je n'en ai pas conservé la description. Elle vit en mai, sur le chêne.

Quand le papillon a un peu volé, le bourrelet d'écailles saillantes, qui traverse l'aile, disparaît.

**687. Verrucella,** Hb. (*Tumidella*, Zinck., non. Wv.)

Assez rare dans les jardins, les charmilles, sur les haies, etc., en juillet et août.

Chenille rougeâtre, à lignes blanches et la tête noire; vit en mai, sur le chêne.

Le papillon est beaucoup plus rare ici que la *Rubrotibiella*. Son nom ne se trouve guères bien appliqué, puisqu'il n'a point d'écailles saillantes. Aussi paraît-il probable que la vraie *Tumidella* du Wv. est l'espèce précédente, et le nom de Hubner, qui ne prête point à la confusion, me paraît préférable.

**688. Recurvella,** Gn.

Rare à Châteaudun, où je ne l'ai trouvée qu'une fois. Plus commune en Angleterre. Facile à reconnaître à la ligne subterminale dont la partie médiane a bien plus de dents que chez toutes les autres, et surtout à la ligne blanche de la base qui est brisée en angle bien marqué.

**689. Suavella,** Zinck.

Pas très-rare à Châteaudun, autour des haies, dans les lieux frais, en juillet.

Chenille verte, vivant sur le prunellier, dans un tube de soie blanche, en mai et juin.

**690. Epelydella,** Zell.

Rare à Châteaudun, sur les haies, en juillet. Plus commune dans l'Ouest.

La chenille vit aussi, dit-on, sur le prunellier. Je ne l'ai pas élevée.

**691. Legatella,** Zinck. (*An* Hb.??)

Pas très-rare, dans les bois secs, en juillet et août. Châteaudun, bois Saint-Martin.

Espèce généralement mal déterminée et que j'ai reçue sous bien des noms différents; la figure de Hubner, créateur de l'espèce, est mauvaise et de nul secours.

692. **Consociella,** Hb.

Commune sur les haies et dans les bois, en juillet et août.

---

Ici se termine la première partie de ce catalogue. Bien que le reste des Lépidoptères soit loin d'être dénué d'intérêt et présente au contraire une foule de familles aussi curieuses par leurs mœurs que par leur organisation, les sujets sont de si petite taille, qu'ils sont négligés par les trois quarts au moins des Lépidoptéristes, et la grande majorité des ouvrages d'Entomologie, quoique réputés complets, s'arrêtent avant même d'être arrivés à cette limite. Quoique cette préférence pour les grands sujets soit à coup sûr fort irrationnelle, il n'en est pas moins vrai qu'elle existe partout, et un fait ne se discute pas. Si cette première partie est agréable et utile aux naturalistes et que Dieu me prête vie et santé, je reviendrai peut-être sur le congé que je prends aujourd'hui du public entomologique.

ACHILLE GUENÉE.

Châteaudun, 1ᵉʳ mai 1874.

# ERRATA ET ADDENDA.

Page 22, ajoutez :

35 *bis*. **Prorsa,** Lin. (*La Carte géographique.*)

Cette espèce a été trouvée dans le département depuis la publication de ce catalogue.

Juillet et août. Lieux couverts d'orties.

*Var*. LEVANA, L. C'est la première génération de cette curieuse espèce. Elle paraît en avril et mai.

Chenille noire à épines de la tête plus longues que les autres. Vit sur l'ortie, en septembre.

P. 48, ligne pénultième ; surtout celui, *lisez :* dans celui.

P. 76, nº 89. **Rubra,** *lisez :* **Rubea.**

P. 86, lig. 13 ; après : Lépidoptères, *effacez la virgule.*

P. 86. — J'ai dit dans la note au bas de cette page que la *S. Mori* formait un groupe à part, et qu'on ne lui connaissait que deux congénères. Mais je dois ajouter que les recherches des naturalistes ont étendu la famille des Séricarides. Outre la *S. Mori*, originaire, comme on sait, des provinces montueuses de la Chine septentrionale, et trois ou quatre prétendues espèces qui habitent aussi la Chine, mais qui ne sont peut-être que des variétés locales de la première (*S. Textor, Cræsi, Fortunatus,* etc.), on a trouvé dans l'Inde six *Sericaria* qui paraissent réellement constituer des espèces séparées. J'ai cité l'*Huttoni,* découverte depuis longtemps, publiée dans le *Cabinet oriental* de M. Westwood, et dont la chenille porte deux longues épines sur chaque anneau, — et l'*Horsfieldi,* qui habite Java et dont la chenille n'est pas connue ; — il faut y ajouter la *S. Shervilli,* de l'Himalaya, dont la taille est au moins double de notre *Mori,* et les couleurs et dessins complétement différents ; — la *Bengalensis,* Moore, découverte à Calcutta, qui est munie sur le dos de longs filaments noirs, et dont la couleur est le jaune nankin ; —

19

la *Subnotata*, Walk., qui ne paraît pas parfaitement précisée, mais dont la chenille est également munie de deux rangs d'épines; — et enfin la *Religiosæ*, Helf., qui a été trouvée à Assam sur le *Ficus religiosa* et dont la soie, dit-on, est, sinon supérieure, au moins égale à celle du ver à soie.

Ce qu'il y a de remarquable, c'est que ces espèces, quel que soit le pays qu'elles habitent, vivent toutes sur différentes espèces de mûriers et affectionnent généralement les pays de montagne, où elles s'élèvent jusqu'à 8,000 pieds (anglais) de hauteur.

Enfin, pour compléter cet aperçu de la famille des Séricarides, je dirai qu'un petit genre, voisin des *Sericaria* et qu'on a nommé *Ocinara*, habite également le continent indien et l'île de Java, et renferme cinq ou six espèces qui vivent aussi dans les montagnes sur des arbres du genre *Ficus*. Elles filent, paraît-il, de petits cocons composés d'une très-belle soie, mais jusqu'ici on ne paraît pas les avoir utilisés. Quant aux nouvelles *Sericaria*, on a expérimenté la soie qui provient de leurs cocons et qui peut rivaliser avec celle de l'ancien ver à soie; mais elle ne paraît pas avoir encore pris pied dans les relations commerciales de l'Europe. L'avenir s'en chargera.

J'ai pensé que ces quelques détails, concernant le Lépidoptère *utile* par excellence, ne seraient pas sans intérêt.

P. 111, lig. 14; cachées sur, *lisez :* sous.

P. 252, lig. 11; Fam. Eunychidæ, *lisez :* Ennychidæ.

# TABLE

---

Pour l'intelligence de cette table, nous prévenons :

1° Qu'elle est divisée en trois parties comprenant : la première. les Diurnes; — la deuxième, les Nocturnes; — la troisième, l'indication des espèces utiles ou nuisibles.

2° Que, pour faire reconnaître facilement la valeur des divisions méthodiques, nous avons employé des caractères différents, ainsi qu'il suit :

Les grandes divisions sont imprimées en capitales grasses. **B.**

Les Légions en capitales demi-grasses. . . . . . . . **P.**

Les Phalanges en grandes capitales maigres . . . . . . II.

Les Tribus en petites capitales maigres . . . . . . . . P.

Les Familles en italique . . . . . . . . . . . . . . . *h.*

Et les Genres en bas de casse ou caractères ordinaires . . n.

Nous n'avons pas cru devoir aller au-delà des Genres. pour ne pas allonger démesurément cette table.

---

## PREMIÈRE PARTIE.

# DIURNES.

---

# DEUXIÈME PARTIE.

# NOCTURNES.

---

## A

I

L

## T

## U

## V

## X

# Z

# TROISIÈME PARTIE.

## ESPÈCES NUISIBLES OU UTILES.

---

CHARTRES. — IMPRIMERIE ÉDOUARD GARNIER.

www.ingramcontent.com/pod-product-compliance
Lightning Source LLC
Chambersburg PA
CBHW070236200326

41518CB00010B/1587